装修全方位之重点突破系列

全彩突破
装修水电设计

阳鸿钧　等编著

机 械 工 业 出 版 社

本书主要介绍了装修水电设计的设计基础、设计选材用材、设计计算、设计数据、设计施工、家装水电设计、店装/公装水电设计等相关知识、技巧、资料速查。同时，讲解与案例的结合，使读者能够更快速、清晰地掌握装修水电设计的技能。本书适合装修水电设计师、家装水电设计师、店装/公装水电设计师、建筑水电工、装饰水电工、物业水电工以及其他电工、社会青年、业主、进城务工人员、建设单位相关人员、相关院校师生、培训学校师生、装修工程监理人员、灵活就业人员、给排水技术人员、新农村家装建设人员等参考阅读。

图书在版编目（CIP）数据

全彩突破装修水电设计 / 阳鸿钧等编著．—北京：机械工业出版社，2019.2
（装修全方位之重点突破系列）
ISBN 978-7-111-61752-5

Ⅰ．①全…　Ⅱ．①阳…　Ⅲ．①房屋建筑设备 – 给排水系统 – 建筑设计 – 图解　②房屋建筑设备 – 电气设备 – 建筑设计 – 图解　Ⅳ．① TU82-64 ② TU85-64

中国版本图书馆 CIP 数据核字（2019）第 006428 号

机械工业出版社（北京市百万庄大街 22 号　邮政编码 100037）
策划编辑：张俊红　　责任编辑：朱　林
责任校对：梁　静　　封面设计：马精明
责任印制：张　博
北京中科印刷有限公司印刷
2019 年 3 月第 1 版第 1 次印刷
145mm × 210mm · 6.5 印张 · 260 千字
标准书号：ISBN 978-7-111-61752-5
定价：35.00 元

前　言
Preface

装修水电设计，不仅只是设计师需要懂得，施工人员、监理人员，甚至业主，均需要或多或少地懂得水电设计。可见，装修水电设计在装修工程中的地位非常重要，掌握装修水电设计的知识，也是急迫的。为此，我们策划编写了本书。

本书立足于懂设计要懂基础、懂设计要懂选材、懂设计要懂用材、懂设计要懂计算、懂设计要懂数据、懂设计要懂施工的原则进行介绍，从而使读者能够快速掌握相关知识和技能。

本书力争把理论讲得简单，又能使读者从案例中学会技能，从而突破装修水电设计。

本书共 7 章，第 1 章为学设计——从基础开始，第 2 章为懂设计——选材用材要知道，第 3 章为会设计——计算不在话下，第 4 章为能设计——数据把握得当，第 5 章为精设计——施工不得不懂，第 6 章为实战设计——家装水电设计你也行，第 7 章为实战设计——店装、公装水电设计你也会。

本书适合装修水电设计师、家装水电设计师与店装和公装水电设计师、建筑水电工、装饰水电工、物业水电工以及其他电工、社会青年、业主、进城务工人员、建设单位相关人员、相关院校师生、培训学校师生、装修工程监理人员、灵活就业人员、给排水技术人员、新农村家装建设人员等参考阅读。

本书主要由阳鸿钧编写，阳许倩、阳育杰、许小菊、阳红珍、欧凤祥、阳苟妹、唐忠良、任现杰、杨红艳、欧小宝、阳梅开、任现超、许秋菊、许满菊、许鹏翔、许应菊、许四一、罗小伍、李军、唐许静、李平、李珍、罗奕、罗玲等人员参加编写工作或给予了相关的支持。

本书编写过程中，还得到了其他同志的支持，在此表示感谢。本书涉及一些厂家的产品、国家或者地方（企业）规范标准，同样表示感谢。另外，本书在编写过程中参考了相关人士的相关技术资料与一些网站，因不详、不合现在规范格式、变动性大些一些原因，有的暂时没有在参考文献中列举鸣谢，期待再版时完善，在此也向他们表示感谢。

需要说明的是，本书讲叙的设计主要用于表达设计方法的介绍，一些图例与方法可能不适宜具体项目的设计。具体项目的设计一般应以签绘的设计图为准。另外部分规范、标准也可能存在更替、修订等情况，请读者注意。

由于时间有限，书中不足之处在所难免，敬请广大读者批评、指正。

编　者

目　录
Contents

第3章 会设计——计算不在话下 71

第4章 能设计——数据把握得当 98

第 6 章 实战设计——家装水电设计你也行 152

第7章 实战设计——店装、公装水电设计你也会 172

参考文献 195

第 1 章

学设计——从基础开始

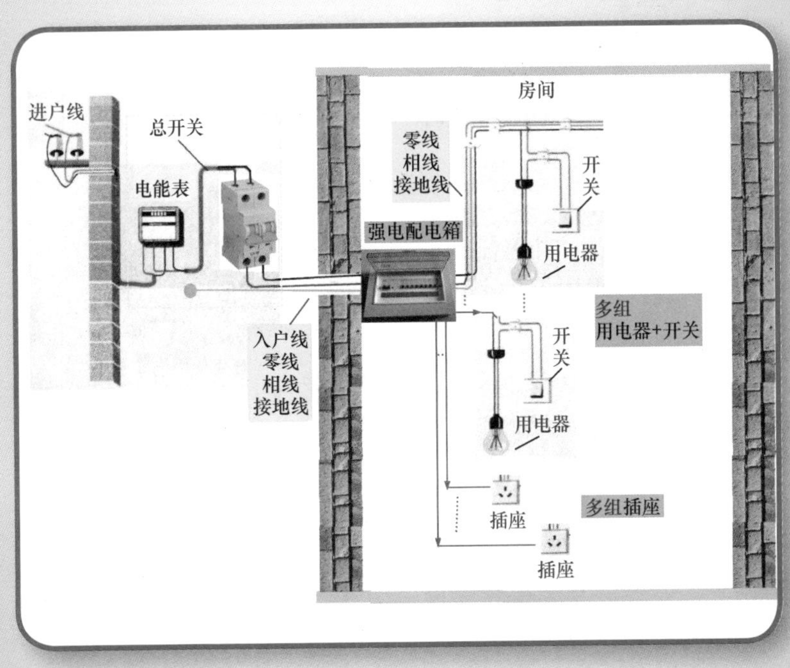

1.1 家装强电照明与开关基本原理

照明与开关基本电路如图 1-1 所示，其实很简单！电池（电源）、开关、灯泡、导线就组成了照明与开关基本电路。

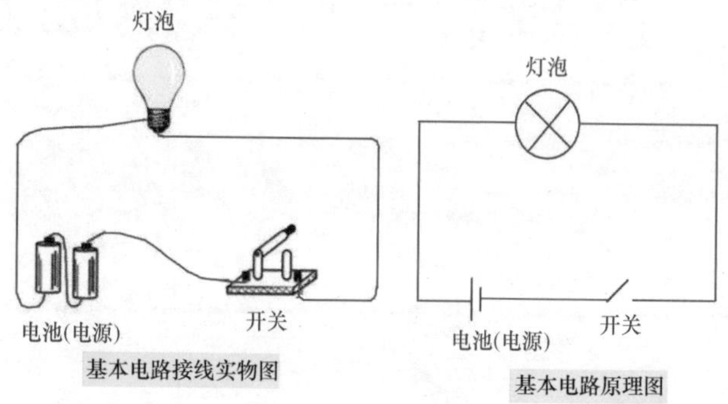

图 1-1 照明与开关基本电路

tips：电路负载可以是电器、灯具等，需要考虑是直流负载（直流电路），还是交流负载（交流电路）。电源就是能将其他形式的能量转换成电能的设备，需要考虑是直流电源（直流电路），还是交流电源（交流电路）。导线就是电流的通道，需要考虑导线规格的大小。开关就是起到控制电路电流通断的作用，需要考虑其额定功率，也就是额定电压、额定电流。

家装强电照明与开关基本电路，其实也很简单！其与照明与开关基本电路的主要差异，在于家装强电的电源来自装修房间的室外建筑电表箱，并且为交流 220V，图例与解说如图 1-2 所示。

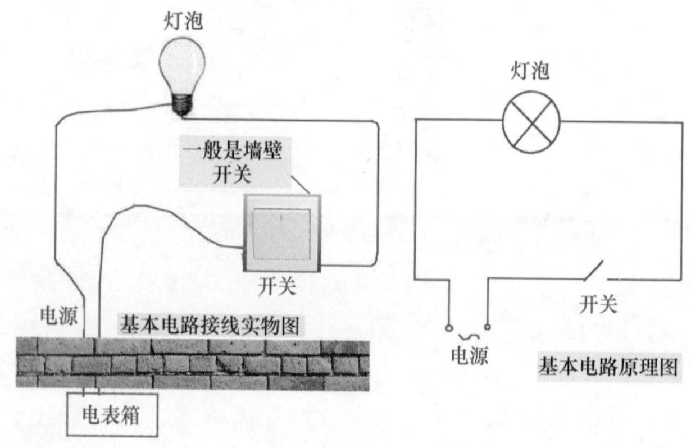

图 1-2 家装强电照明与开关基本电路

1.2 家装强电基本电路与拓展

家装强电基本电路如图 1-3 所示，其实也很简单！三线，也就是相线、零线、接地线。该三线一般均从强电配电箱引出。照明灯具需要引进两线，即相线与零线，带金属外壳的照明灯具需要再引入接地线。三孔插座需要引进三线即相线、零线、接地线。二孔插座需要引进两线即相线、零线。有的电器需要三孔插座，有的需要二孔插座，以便实现其电源线的连接。如果事前不能够确定电器电源插座类型的，则可以设计 5 孔插座（三孔插座 + 二孔插座）。

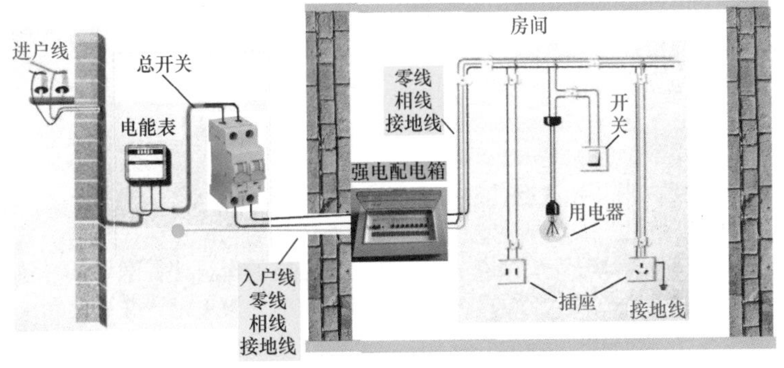

图 1-3　家装强电基本电路

家装强电基本电路的拓展如图 1-4 所示。基本电路的拓展，其实就是分多组，以便使用上、安装上得到满足。

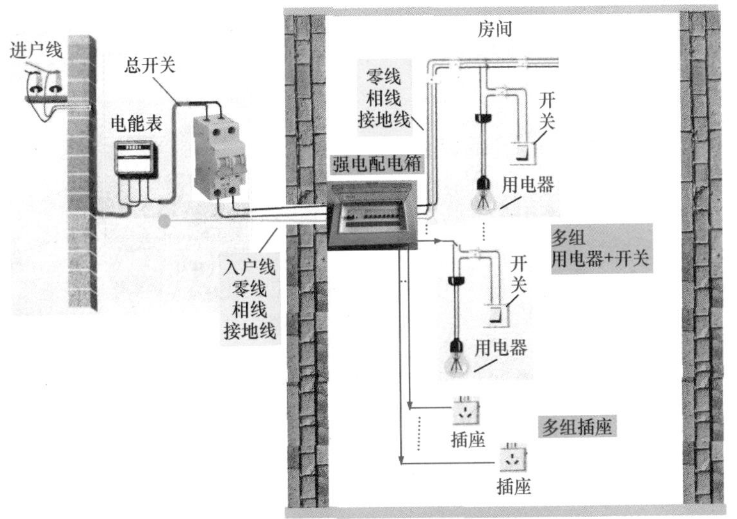

图 1-4　家装强电基本电路的拓展

1.3 家装强电室外设计

家装强电室外设计，就是设计好强电配电箱与电能表箱的电线使其符合用户强电的要求，使电能表与断路器规格达到要求。这部分可以通过计算用户功率来判断。如果判断合格，则可以采用原线路与设备。如果判断不合格，则需要联系供电部门或者物业部门来进行相关更换。

家庭用电室外电表箱到室内强电配电箱（强电配电箱一般安装在室内）之间的连接电线，也就是入户线。入户线导线越粗，则其允许通过的最大电流就越大。但是，入户线导线越粗，造价越高。因此，设计时需要综合考虑，一般安全第一，在安全可靠的前提下再考虑合理性、经济性。

现在家庭电路中使用的用电器越来越多，也就是意味着总功率 P 也越来越大，并且以后很有可能再增添、再增添……因此，意味着家庭电路总功率 P 会再增大、再增大……所以，在设计时，需要把未来的功率也考虑进来。

家庭电路中电压 U 是一定的，即固定的交流市电 220V。然后，根据：

$$I = P/U$$

可得，电压 U 一定，总功率 P 越大总电流 I 也就越大。如果电表箱到强电配电箱间的连接电线太细，则可能会引起火灾等事故。

铜芯线电流密度一般环境下可取 4~5A/mm^2。因此，入户线导线横截面积的设计计算如下：

导线横截面积（mm^2）=I/4~5

如果在计算前，就把总功率 P 加入了未来的功率，则选择导线横截面积就是根据设计计算结果来确定。如果总功率 P 没有加入未来的功率，则选择导线横截面积就要在设计计算结果的基础提档选择。

tips：也可以根据下面参数进行参考进户线的设计选择：

用户用电量为 4~5kW，电能表为 5（40）A，则进户线可以设计选择 BV-3×10mm^2。

1.4 家装强电室内设计

家装强电室内设计，就是确定强电配电箱的规格、回路数，以及强电配电箱引出回路的布管布线设计、电器设备的位置的设计、开关插座位置的设计，另外，就是电器设备、开关插座连接电气的设计。家装强电室内设计如图 1-5 所示。

由于一套户型往往不只有一间房，如图 1-6 所示。因此，不同房间可设计同一回路，也可不同回路。不同房间的电器设备的位置的设计、开关插座位置的设计有一些通用性，也具有一定的差异性。

家装强电室内设计，一般均是从强电配电箱开始的，强电配电箱也就相当于“电源”了。家装强电的设计也就相当于怎样从该“电源”来引线的问题。

tips：辨别承重墙的一些方法与要点如下：

（1）判断墙体是否是承重墙，关键需要看墙体本身是否承重。

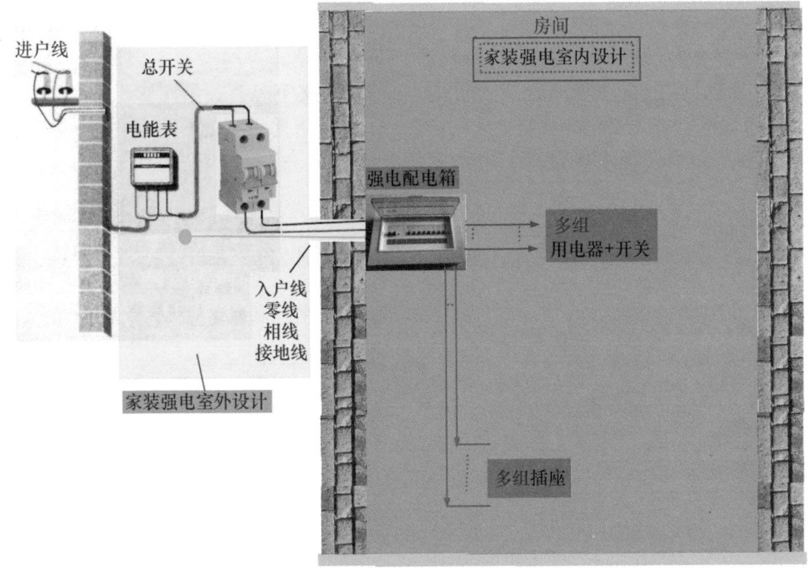

图 1-5 家装强电室内设计

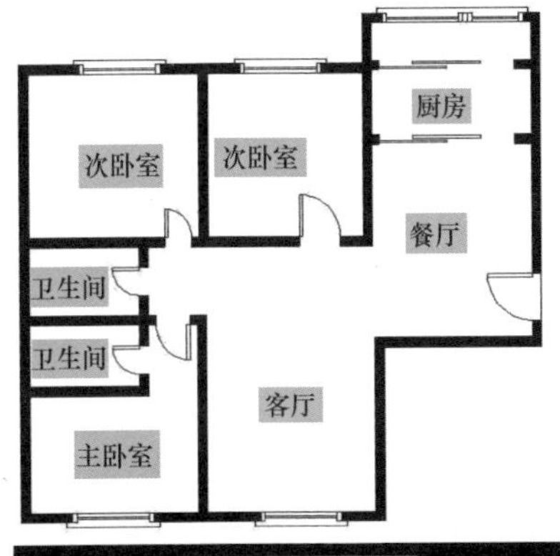

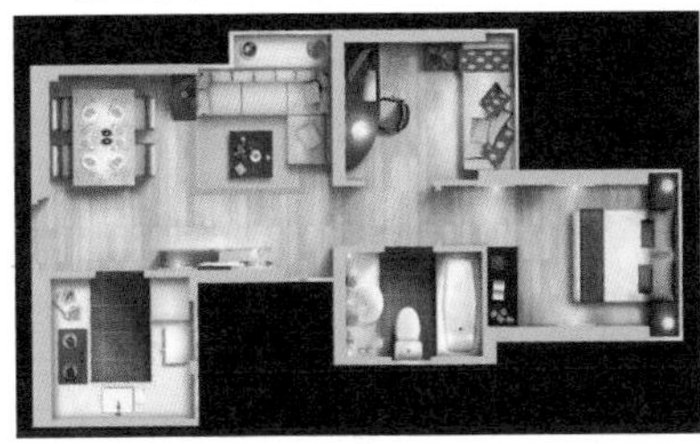

一套户型

图 1-6 一套户型往往不只有一间房

（2）建筑施工图中的粗实线部分与圈梁结构中非承重梁下的墙体均是承重墙。

（3）墙体上无预制圈梁的墙一般是承重墙。

（4）一般而言，砖混结构的房屋所有墙体均是承重墙。

（5）框架结构的房屋内部的墙体一般不是承重墙。

（6）一般标准砖的墙是承重墙，加气砖的是非承重墙。

（7）一般 150mm 厚的隔墙是非承重墙。

（8）一般墙与梁间紧密结合的地方是承重墙，采用斜排砖的地方一般是非承重墙。

（9）敲击墙体，如果出现清脆且大的回声的墙，则一般是轻体墙。没有太多的声音的一般是承重墙。

1.5 设计绘图符号——电路常用元器件与符号对应关系

家装水电设计，不仅可以在现场进行，还可以根据现场来绘制设计的水电布局图、施工图等。

为此，学家装水电设计，进行家装水电设计，均需要掌握设计绘图的符号与文字等有关绘图知识。

电路常用元器件与符号对应关系见表1-1。

表 1-1 常用元器件与符号对应关系

名称	符号	名称	符号
电压表	V	电阻	
接地	或	电池	
电容		开关	
电感		电流表	A
熔断器		照明灯	

1.6 设计绘图符号——住宅电气安装照明线路常用符号

住宅电气安装照明线路常用符号见表1-2。

表 1-2 住宅电气安装照明线路常用符号

文字或图形符号	名　称	文字或图形符号	名　称	文字或图形符号	名　称
	架空交接箱		断路器		电表箱
	二分配器		隔离开关		报警器
	四分配器		带漏电保护的断路器		暗装单相插座
	二分支器	$\frac{A-B}{C}D$	A编号、B容量、C线序、D用户数		带接地插孔的暗装单相插座
	四分支器		照明灯		带保护接地的插座
	终端电阻		荧光灯		带护板插座
	放大器		电铃	Wh	电能表
	负荷开关		电源箱	GM	燃气表

（续）

文字或图形符号	名称	文字或图形符号	名称	文字或图形符号	名称
	单极拉线开关		双极断路器		落地交接箱
	室外地坪		三极断路器	AP	电源箱
	室内地坪		四极断路器	AL	配电箱
	导线穿管保护		主干线	AW	电表箱
	导线不连接		配电线路	DHAW	多用户电子式电表箱
	配电箱	n	n 根线	FQAW	防窃电型电表箱
	电话箱 1	F	电话线	ZAL	住宅配电箱
	电话箱 2	V	电视线	QL	负荷开关
H　H	电话出线盒		地下管线	QS	隔离开关
T　T	电视出线盒		导线连接	QF	断路器
	按钮开关		向上配线	QR	漏电保护器
	带指示灯按钮开关		向下配线	QV	真空开关
t	单极限时开关		垂直通过配线	N	中性线
	带指示灯开关		接地线	PE	接地线
	暗装单极跷板开关		接地板	L1、L2、L3	相线
	暗装双极跷板开关		接地	PC	阻燃硬塑料管
	暗装三极跷板开关		保护接地	SC	镀锌焊接钢管
EX	防爆开关		电缆终端头	MT	电线管
EN	密闭开关		架空线路	PR	塑料线槽
	单极断路器		壁龛交接箱		

1.7 常见电气代号与其含义

常见电气代号与其含义见表 1-3。

表 1-3 常见电气代号与其含义

代 号	含 义
A	暗敷
AB	沿或跨梁（屋架）敷设
AC	吊顶内导线敷设
AC	沿或跨柱敷设
ACC	线路暗敷设在不能进入的顶棚内
ACE	导线在能进入的吊顶在敷设
ARC	电弧灯
B	壁装式照明灯具安装
B	绝缘导线、平行
B /IN（拼音代号 / 英文代号）	白炽灯
B/W（拼音代号 / 英文代号）	壁吊式安装
BC	暗敷在梁内导线敷设
BE	导线沿屋架或跨屋架敷设
BLV	铝芯塑料绝缘线
BLVV	铝芯塑料绝缘护套线
BLX	铝芯橡皮绝缘线
BR	墙壁内照明灯具安装
BR/WR（拼音代号 / 英文代号）	嵌入式 安装
BV	散线
BV	铜芯塑料绝缘线
BV（BLV）	聚氯乙烯绝缘铜（铝）芯线
BVR	聚氯乙烯绝缘铜（铝）芯软线
BVV	铜芯塑料绝缘护套线
BVV（BLVV）	铜（铝）芯聚氯乙烯绝缘和护套线
BX	铜芯橡皮绝缘线
BX（BLX）	橡胶绝缘铜（铝）芯线
BXF（BLXF）	氯丁橡胶绝缘铜（铝）芯线
BXR	铜芯橡胶软线
C	吸顶灯具安装
CC	线路暗敷设在顶棚内
CL	柱上灯具安装
CL	柱上灯具安装

（续）

代　号	含　义
CLC	导线暗敷设在柱子内
CLE	沿柱或跨柱导线敷设
CLE	线路沿柱或跨柱敷设
CP	金属软管导线穿管
CS	链吊灯具安装
CT	电缆桥架配线
D	吸顶式照明灯具安装
D/C（拼音代号 / 英文代号）	吸顶式安装
DA	暗设在地面或地板下
DB	导线直埋
DGL	用电工钢管敷设
DR/CR（拼音代号 / 英文代号）	吸顶嵌入式安装
DS	管吊灯具安装
F	防水、防尘灯
F	地板及地坪下 导线敷设
FC	导线预埋在地面下
FPC	穿阻燃半硬聚氯乙烯管敷设
G	管吊式照明灯具安装
G	工厂灯
G/Hg（拼音代号 / 英文代号）	汞灯
G/P（拼音代号 / 英文代号）	管吊式安装
GXG	用金属线槽敷设
H	花灯
IR	红外线灯
K	绝缘子配线
KPC	穿聚氯乙烯塑料波纹电线管敷设
KRG	用可挠型塑制管敷设
KV	千伏（电压）
L	链吊式照明灯具安装
L	铝芯导线
L	卤钨探照灯
L/CH（拼音代号 / 英文代号）	链吊式安装
L/IN（拼音代号 / 英文代号）	卤（碘）钨灯
LA	暗设在梁内
LEB	局部等电位

（续）

代 号	含 义
LM	沿屋架或屋架下弦敷设
LMY	铝母线
M	明敷
M	钢索导线穿管
MEB	总等电位
MR	金属线槽导线穿管
MT	电线管导线穿管
N/Na（拼音代号 / 英文代号）	钠灯
Ne	氖灯
P	顶棚线路敷设部位
P	普通吊灯
PA	暗设在屋面内或顶棚内
PC	PVC 聚乙烯阻燃性塑料管
pc	硬质塑料管管路敷设
PCL	塑料夹配线
PC-PVC	塑料硬管导线穿管
PE	接地（黄绿相兼）
PEN	接零（蓝色）
PL	沿天棚敷设
PL	夹板配线
PNA	暗设在不能进入的吊顶内
PR	塑料线槽导线穿管
PVC	用阻燃塑料管敷设
Q	墙线路敷设部位
QA	暗设在墙内
QM	沿墙敷设
R	嵌入式照明灯具安装
R	软线
RC	水煤气管管路敷设
RC	镀锌钢管导线穿管
RC	导线穿管镀锌钢管
RG	软管配线
RV	铜芯聚氯乙烯绝缘软线
RVB	铜芯聚氯乙烯绝缘平行软线
RVB	平行多股软线（扁的）

（续）

代　号	含　义
RVS	铜芯聚氯乙烯绝缘绞型软线
RVS	对绞多股软线
RVV	多股软线
RX、RXS	铜芯、橡胶棉纱编织软线
S	双绞线
S	陶瓷伞罩灯
S	支架灯具安装
SC	钢管
SC	导线穿管焊接钢管
SC（G）	钢管配线
SCE	导线吊顶内敷设，要穿金属管
SR	导线沿钢线槽敷设
SYV	电视线
T	铜芯导线（一般不标注）
T	投光灯
TC	导线电缆沟
TMY	铜母线
UV	紫外线灯
V	聚氯乙烯绝缘
VXG	用塑制线槽敷设
W	墙壁安装灯具安装
WC	导线暗敷设在墙内
WE	导线沿墙面敷设
WE	沿墙明敷 导线敷设
WS	沿墙明敷设
X	橡胶绝缘
X/CP（拼音代号 / 英文代号）	线吊式安装
XF	氯丁橡胶绝缘
Y	聚乙烯绝缘
Y /FL（拼音代号 / 英文代号）	荧光灯
YJV	电缆
Z	柱线路敷设部位
Z	柱灯
ZA	暗设在柱内
ZM	沿柱敷设

1.8 管道的图例

设计水电施工图、平面布置图等时，往往需要采用管道的图例来表示管道。管道的图例见表1-4。

表1-4 管道的图例

名 称	图 例
伴热管	
保温管	
地沟管	
多孔管	
防护套管	
废水管	F
管道立管 - 平面	XL-1
管道立管 - 系统	XL-1
空调凝结水管	KN
凝结水管	N
排水暗沟	坡向

（续）

名 称	图 例
排水明沟	坡向
膨胀管	—— PZ ——
热媒给水管	—— RM ——
热媒回水管	—— RMH ——
热水给水管	—— RJ ——
热水回水管	—— RH ——
生活给水管	—— J ——
生活污水管	—— SW ——
通气管	—— T ——
循环给水管	—— XJ ——
循环回水管	—— XH ——
压力废水管	—— YF ——
压力污水管	—— YW ——
压力雨水管	—— YY ——
雨水管	—— Y ——
蒸汽管	—— Z ——
中水给水管	—— ZJ ——

1.9 管件的图例

设计水电施工图、平面布置图等时，往往需要采用管件的图例来表示管件。一些管件的图例见表 1-5。

表 1-5 一些管件的图例

名　称	图例	名称	图例
存水弯		乙字管	
短管		异径管	
喇叭口		浴盆排水件	
偏心异径管		正三通	
弯头		正四通	
斜三通		转动接头	
斜四通			

1.10 平面图的产生与尺寸

平面图的产生原理与特点图解如图 1-7 所示。

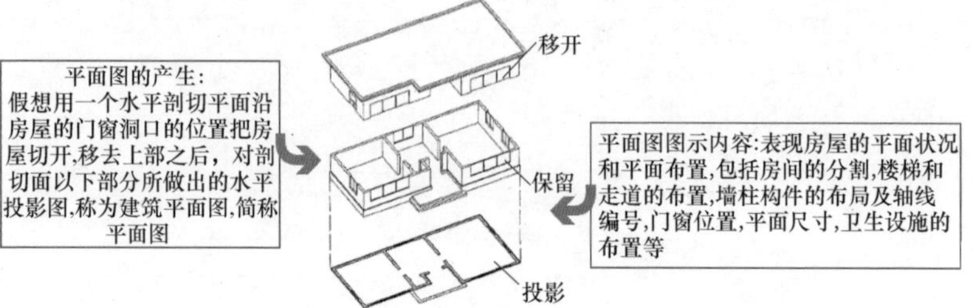

图 1-7 平面图的产生原理与特点图解

tips：砖墙的厚度以我国标准黏土砖的长度为单位，现行黏土砖的规格为 240mm × 115mm × 53mm（长 × 宽 × 厚）。

如果连同灰缝厚度 10mm 在内，砖的规格为：

长：宽：厚 = 1 ：2 ：4

现行墙体厚度用砖长作为确定依据，常见的种类如下：

半砖墙——图样标注一般为 120mm，实际厚度为 115mm。

一砖墙——图样标注一般为 240mm，实际厚度为 240mm。

一砖半墙——图样标注一般为 370mm，实际厚度为 365mm。

二砖墙——图样标注一般为 490mm，实际厚度为 490mm。

3/4 砖墙——图样标注一般为 180mm，实际厚度为 180mm。

其他墙体（例如钢筋混凝土板墙、加气混凝土墙体等）——需要符合模数的规定。

钢筋混凝土板墙用作承重墙时，其厚度一般为 160mm 或 180mm。

钢筋混凝土板墙用作隔断墙时，其厚度一般为 50mm。

加气混凝土墙体用于外围护墙时，一般常用 200 ~ 250mm。

加气混凝土墙体用于隔断墙时，一般常用 100 ~ 150mm。

平面图的尺寸类型与特点如图 1-8 所示。

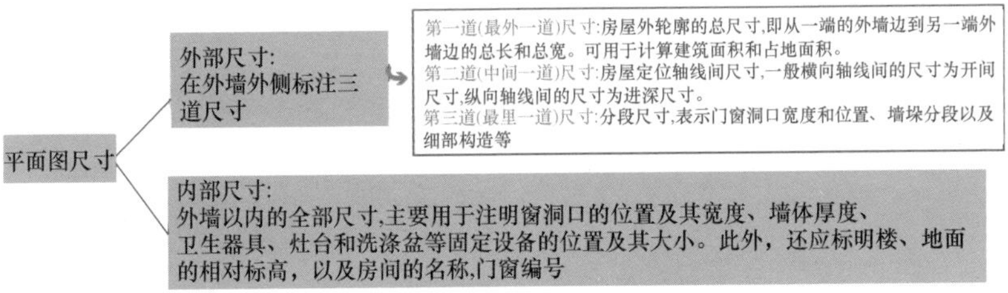

图 1-8 平面图的尺寸类型与特点

1.11 常见图的常用比例

常见图的常用的比例见表 1-6。

表 1-6 常见图的常用的比例

名　称	常用的比例
平面图、顶棚图	1 : 200、1 : 100、1 : 50
立面图	1 : 100、1 : 50、1 : 30、1 : 20
结构详图	1 : 50、1 : 30、1 : 20、1 : 10、1 : 5、1 : 2、1 : 1

1.12 图线与线宽

图样上不仅有图，也有线。图样上的线有不同的规格与要求，具体见表 1-7。

表 1-7 图线与线宽

名称		线型	线宽	一般用途
实线	粗	————	b	主要可见轮廓线
	中	————	$0.5b$	可见轮廓线
	细	————	$0.25b$	可见轮廓线、图例线
虚线	粗	– – – – –	b	
	中	– – – – –	$0.5b$	不可见轮廓线
	细	– – – – –	$0.25b$	不可见轮廓线、图例线
单点画线	粗	—·—·—	b	
	中	—·—·—	$0.5b$	
	细	—·—·—	$0.25b$	中心线、对称线等
双点画线	粗	—··—··—	b	
	中	—··—··—	$0.5b$	
	细	—··—··—	$0.25b$	假想轮廓线、成型前原始轮廓线
折断线		—\/—	$0.25b$	断开界线
波浪线		～～～	$0.25b$	断开界线

1.13 标高

标高表示建筑物各部分的高度，是建筑物某一部位相对于基准面（标高的零点）的竖向高度，也就是标准的高度。

标高的表示图例如图 1-9 所示。

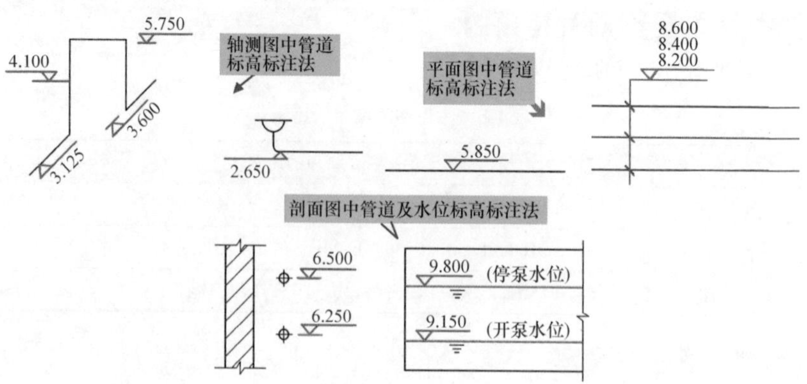

图 1-9 标高的表示图例

tips：装修施工图建筑物各部分的高度，常用标高来表示，并且符号用直角等腰三角形来表示，“▽”下横线为某点高度界线，符号上面注明标高。总平面图的室外地平标高，常采用“▼”来表示。

1.14 索引符号

索引符号是便于看设计图时，查找相互有关的图样。索引符号反映基本图样与详图、详图与详图间，以及有关工种图样间的关系。

索引符号，一般是由直径为10mm的圆与水平直径组成，圆与水平直径一般是以细实线绘制的。索引符号的特点如图1-10所示。

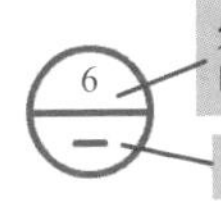

索引出的详图,如与被索引的详图同在一张图样内,在索引符号的上半圆中用阿拉伯数字注明该详图的编号

在下半圆中画一段水平实线

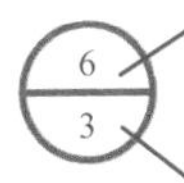

索引出的详图,如与被索引的详图不在同一张图样内,
在索引符号的上半圆中用阿拉伯数字注明详图的编号,
在索引符号的下半圆中用阿拉伯数字注明该详图所在图样的编号

数字较多时,加文字标注

索引出的详图,采用标准图,在索引符号水平直径的延长线上加注该标准图册的编号

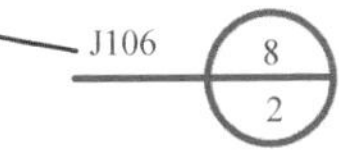

图1-10 索引符号的特点

1.15 引出线

引出线，一般是以细实线绘制的，并且常采用水平方向的直线、与水平方向成30°、45°、60°、90°的直线，或经上述角度再折为水平线。

引出线的文字说明，一般是注写在水平线的上方，也有的注写在水平线的端部。索引详图的引出线，一般是与水平直径线相连接，如图1-11所示。

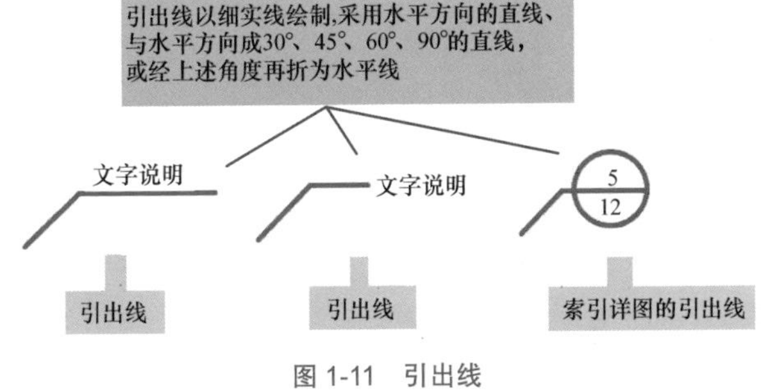

图1-11 引出线

同时引出几个相同部分的引出线，一般是互相平行的线，有的是画成集中于一点的放射线，如图 1-12 所示。

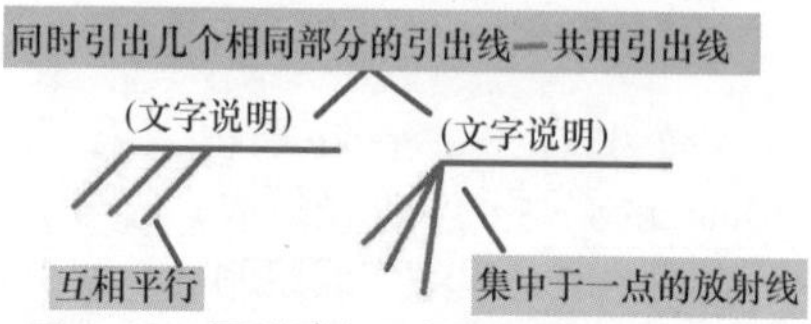

图 1-12　同时引出几个相同部分的引出线

多层构造或多层管道共用引出线，一般通过被引出的各层。文字说明一般注写在水平线的上方，或注写在水平线的端部。说明的顺序一般是由上到下，以及与被说明的层次相互一致。如果层次为横向排序，则一般是由上到下的说明顺序由左到右的层次相互一致，如图 1-13 所示。

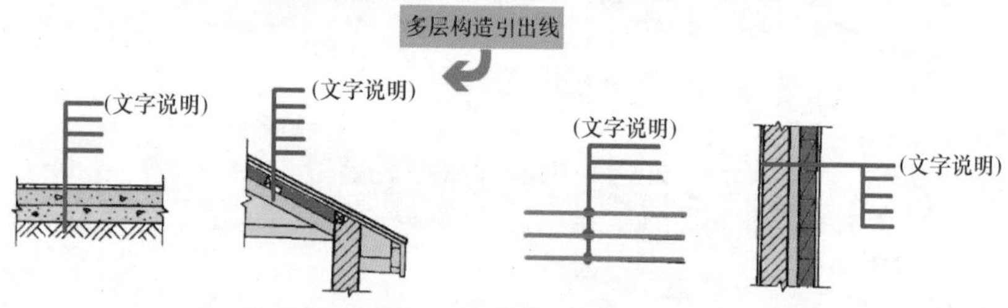

图 1-13　多层构造或多层管道共用引出线

1.16　尺寸标注

建筑形体的投影图，虽然可以清楚地表达形体的形状、各部分的相互关系，但是还必须标注上足够的尺寸，才能够明确形体的实际大小、各部分的相对位置。

尺寸标注的四要素：尺寸界线、尺寸线、尺寸起止符号（箭头）、尺寸数字。尺寸标注的图例如图 1-14 所示。

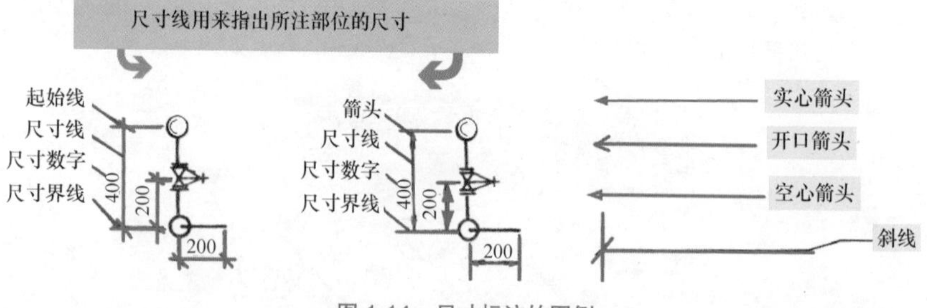

图 1-14　尺寸标注的图例

1.17　平面图与立体图的转换

平面图与立体图的转换例子如图 1-15 所示。

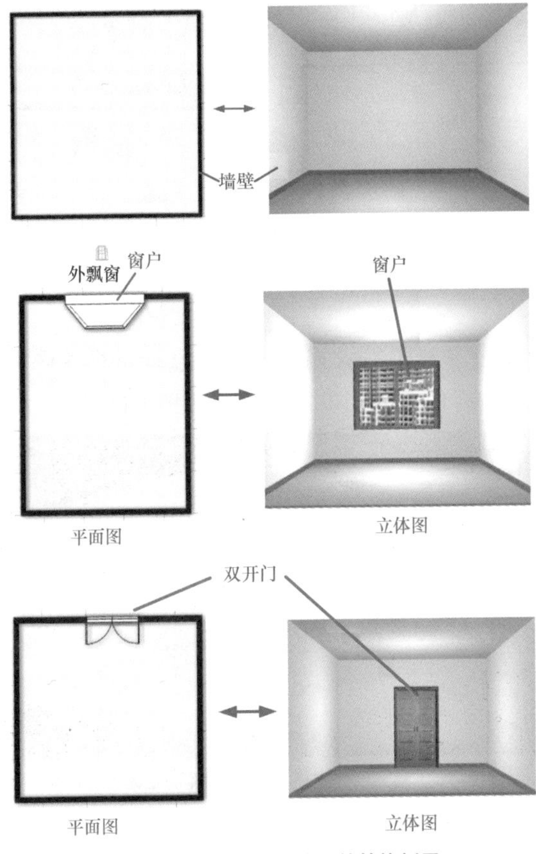

图 1-15 平面图与立体图的转换例子

1.18 一开一灯现场布线设计与其图样设计的转换

一开一灯现场布线设计图例如图 1-16 所示。

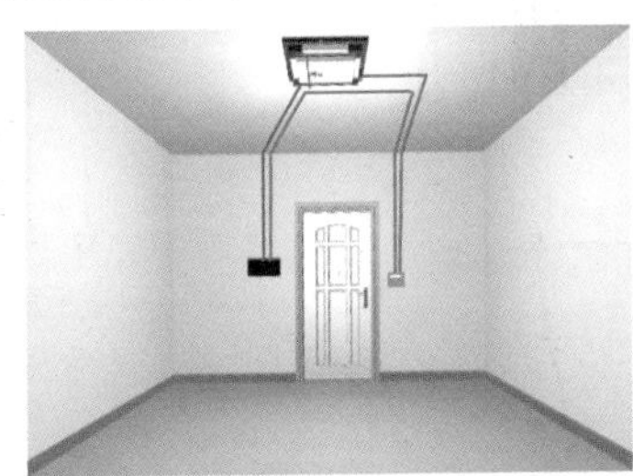

图 1-16 一开一灯现场布线设计图例

一开一灯现场布线对应的平面设计图如图 1-17 所示。

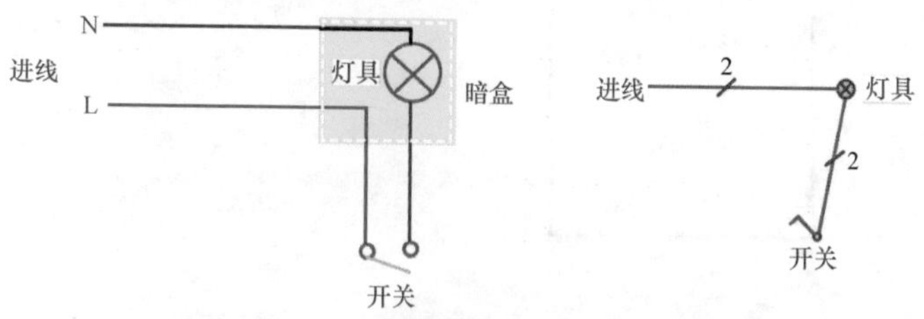

图 1-17　一开一灯现场布线对应的平面设计图

1.19　同一回路多开多灯分控现场布线设计与其图样设计的转换

同一回路多开多灯分控现场布线设计图例如图 1-18 所示。

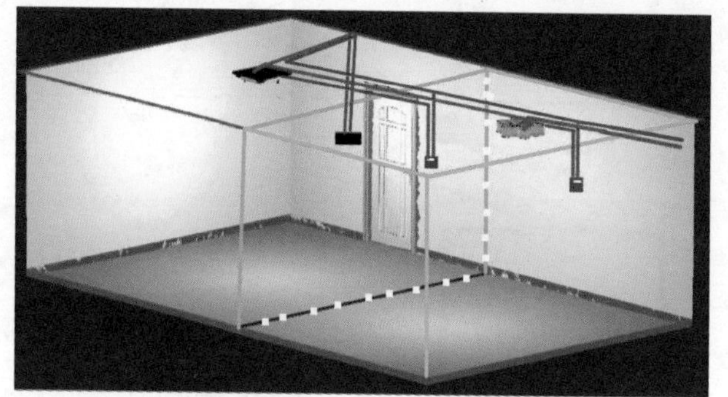

图 1-18　同一回路多开多灯分控现场布线设计图例

同一回路多开多灯分控现场布线对应的平面设计图如图 1-19 所示。

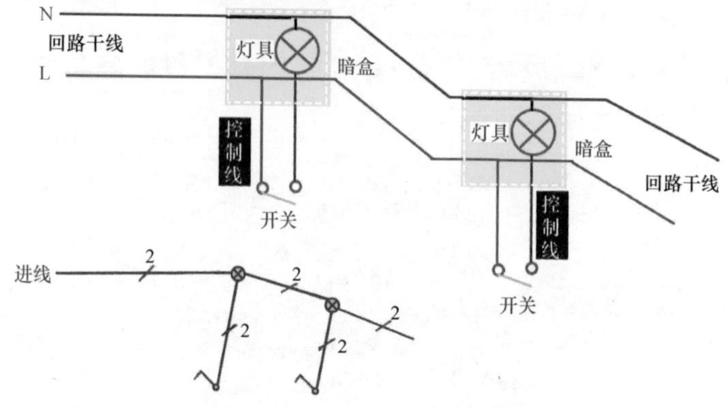

图 1-19　同一回路多开多灯分控现场布线对应的平面设计图

同一回路多开多灯分控电路，实际上就是回路干线设计为并联挂开关灯具，如图 1-20 所示。

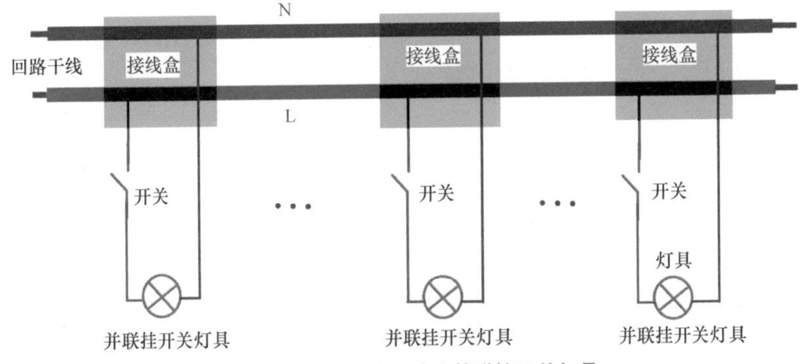

图 1-20　回路干线设计为并联挂开关灯具

1.20　单开双控灯具照明现场布线设计与其图样设计的转换

单开双控（双联单控）灯具照明现场布线设计如图 1-21 所示。

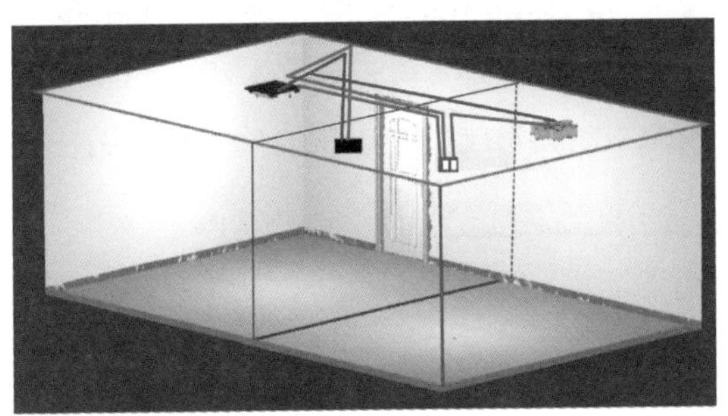

图 1-21　单开双控（双联单控）灯具照明现场布线设计

单开双控（双联单控）灯具照明现场布线对应的平面设计图如图 1-22 所示。

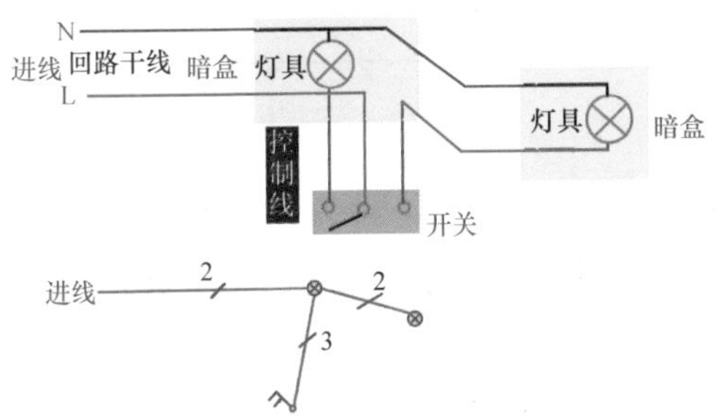

图 1-22　单开双控（双联单控）灯具照明现场布线对应的平面设计图

1.21 双控单开灯具照明现场布线设计与其图样设计的转换

双控单开（单联双控）灯具照明现场布线设计如图 1-23 所示。

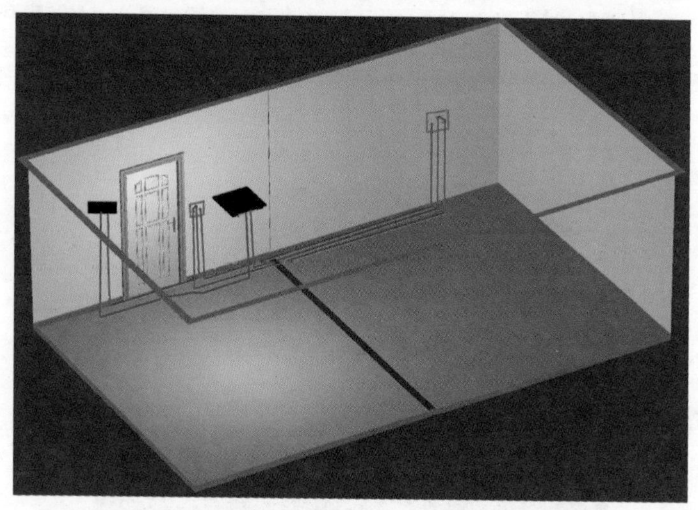

图 1-23 双控单开（单联双控）灯具照明现场布线设计

双控单开（单联双控）灯具照明现场布线对应的平面设计图如图 1-24 所示。

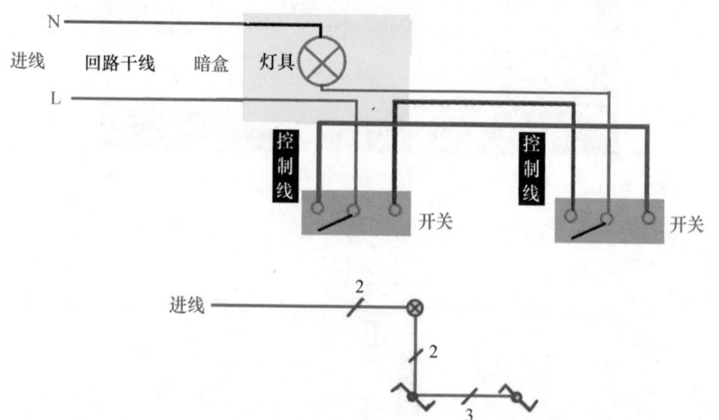

图 1-24 双控单开（单联双控）灯具照明现场布线对应的平面设计图

1.22 根据现场绘制插座图

插座现场布线设计如图 1-25 所示。

图 1-25　插座现场布线设计

插座现场布线对应的平面设计图如图 1-26 所示。

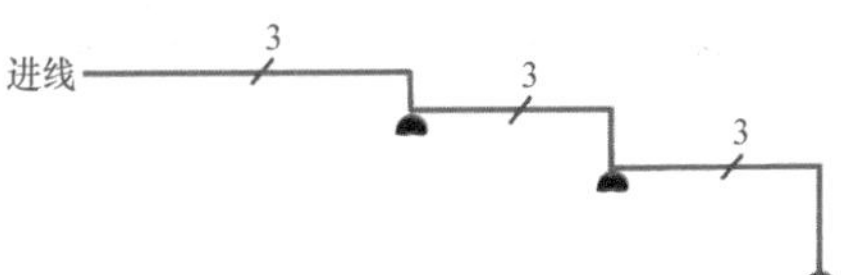

图 1-26　插座现场布线对应的平面设计图

回路干线并联挂插座图如图 1-27 所示。

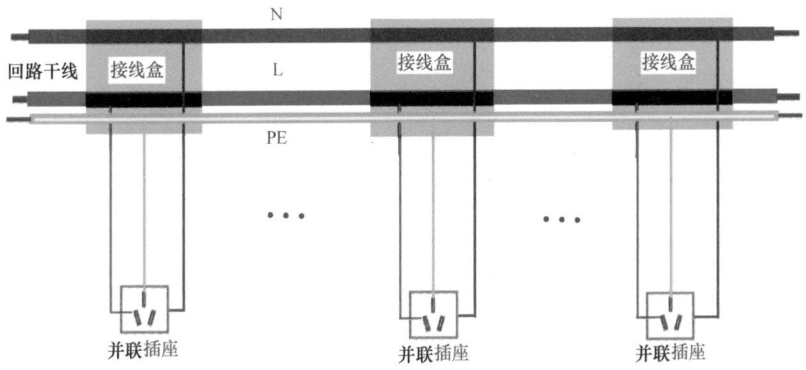

图 1-27　回路干线并联挂插座图

[举例] 一发廊插座平面电气设计图如图 1-28 所示。

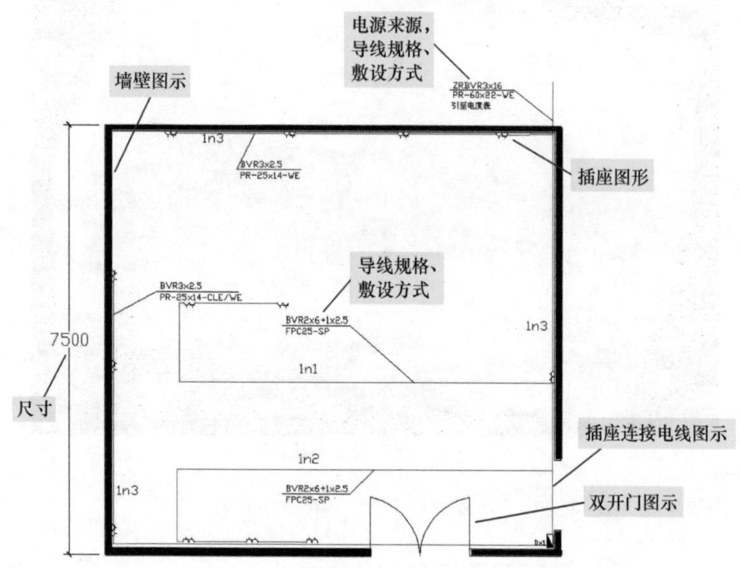

图 1-28　一发廊插座平面电气设计图

tips：配电线路的标注方法如图 1-29 所示。

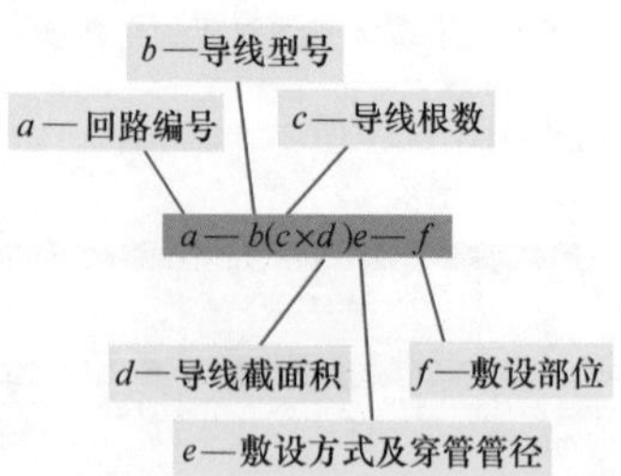

图 1-29　配电线路的标注方法

1.23　顶棚布置图灯具的定位

顶棚布置图的设计，往往涉及灯具的定位。一般家装顶棚布置图灯具定位的设计，主要是确定灯具定位的设计尺寸、类型。类型一般是通过图形、图形图例说明来表达的，图例如图 1-30 所示。

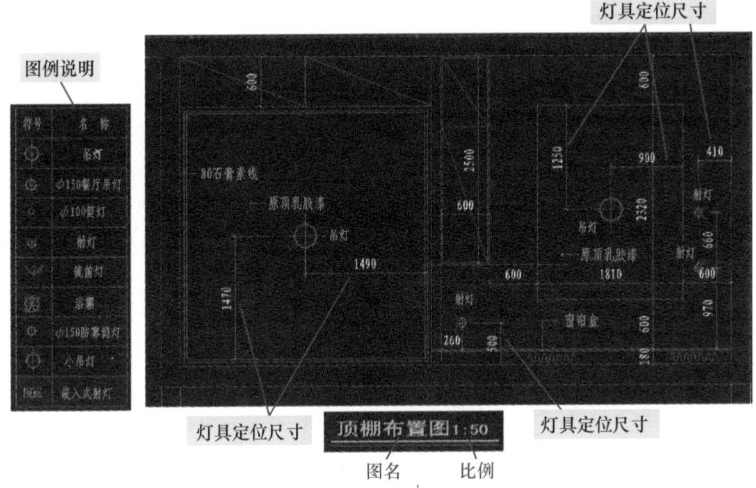

图 1-30　顶棚布置图灯具的定位

1.24　电视机背景墙立面图的设计

立面图主要是画物体的立面。立面也就是站在物体的对面所看见物体上的东西的一面。把该面的一些东西反映在图纸上也就是立面图。电视机背景墙立面图的设计图例如图 1-31 所示。

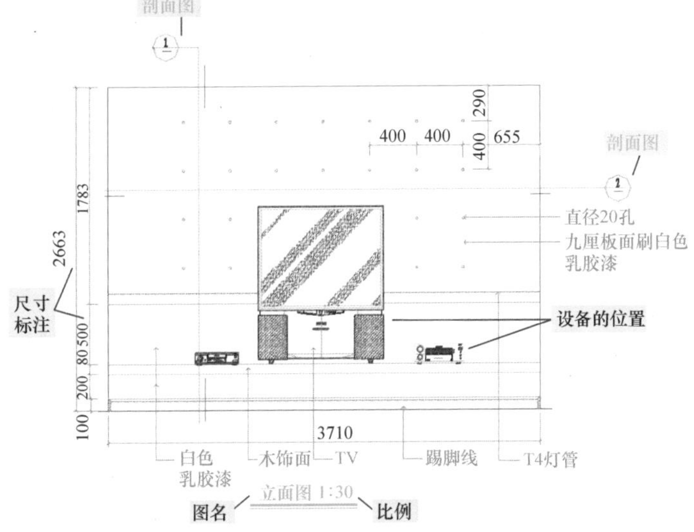

图 1-31　电视机背景墙立面图的设计图例

［举例］　立面图图例与特点如图 1-32 所示。

建筑立面图是在与房屋立面平行的投影面上所作的正投影图

立面图的内容及图示方法：立面图反映建筑外貌，室内的构造与设施均不画出。由于图的比例较小，不能将门窗和建筑细部详细表示出来，图上只是画出其基本轮廓，或用规定的图例加以表示

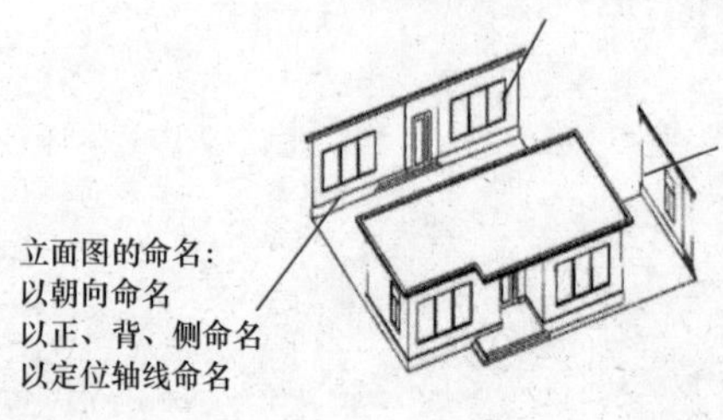

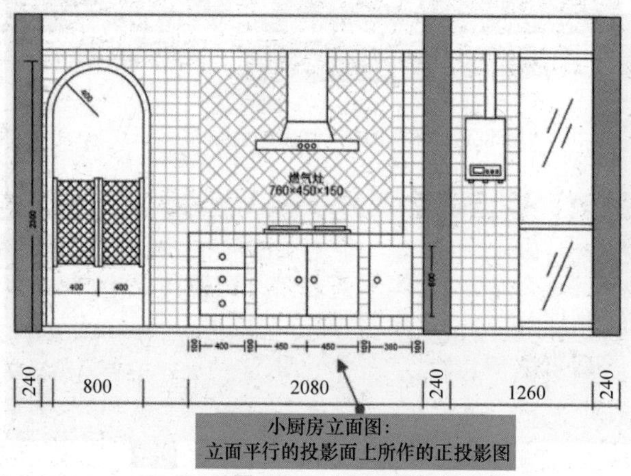

图 1-32　立面图图例与特点

1.25　装修水电设计依据

装修水电设计依据，常包括政府有关主管部门批准的批文、设计任务书，以及设计中需要贯彻的国家及地方法规、规范、标准、条例。其中，政府有关主管部门批准的常见一些批文、设计任务书如下：

（1）国有建设用地使用权出让合同。

（2）甲方提供的设计要求。

（3）国家现行的有关建筑设计规范。

（4）××市城市技术管理规定。

设计中，需要贯彻的一些国家及地方法规、规范、标准、条例如下：

（1）《建筑内部装修设计防火规范》

（2）《建筑设计防火规范》

（3）《民用建筑设计通则》

（4）《汽车库建筑设计规范》

（5）《汽车库、修车库、停车场设计防火规范》

（6）《人民防空地下室设计规范》

（7）《无障碍设计规范》

（8）《民用建筑工程室内环境污染控制规范》

（9）《商店建筑设计规范》

（10）《公共建筑节能设计标准》

（11）《办公建筑设计规范》

（12）《建筑节能工程施工质量验收规范》

（13）《屋面工程质量验收规范》

（14）《工程建设标准强制性条文（房屋建筑部分）》

（15）《平战结合人民防空工程设计规程》

（16）《建筑工程设计文件编制深度规定》

（17）《××市城市规划管理技术规定》

这些水电设计依据需要注意现行要求、修订情况及增删细节等变化。另外，本书在写作中，也参阅了上述有关依据。因时间原因，可能会与现行特点存在差异，请读者注意。

第 2 章

懂设计——选材用材要知道

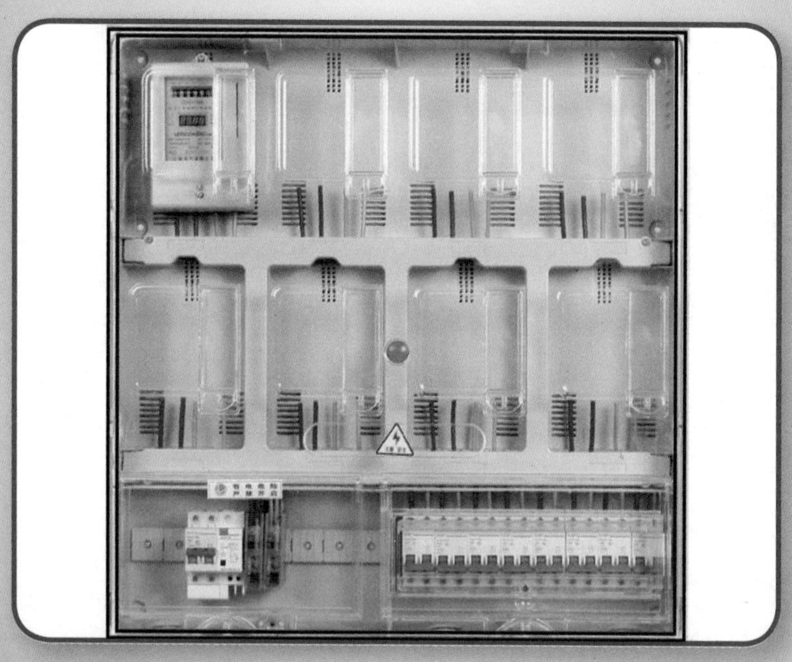

2.1 管道性能对比

部分管道的性能对比见表 2-1。

表 2-1 部分管道的性能对比

性能	PPR 稳态管	普通 PPR 管	铝塑复合管	镀锌管	铜管
使用寿命	50 年	50 年	无定论	5~10 年	50 年
承压强度	较高	一般	一般	高	高
耐温性能	≤ 85℃	< 70℃	< 90℃	< 100℃	< 100℃
抗冲击能力	略高	一般	高	高	高
防渗透性	隔氧、隔光	不隔氧、透光	隔氧、隔光	隔氧、隔光	隔氧、隔光
抗紫外线	优	一般	优	优	优
受热变形	较理想	易变形	较理想	理想	理想
卫生性能	卫生	卫生	卫生	不卫生	不卫生
连接方式	热熔连接	热熔连接	螺纹挤压连接	螺纹连接	螺纹连接
连接可靠性	高	高	差	一般	一般
导热系数	0.24 W/(m・K)	0.24 W/(m・K)	0.24 W/(m・K)	50~60 W/(m・K)	383 W/(m・K)
管壁粗糙度	≤ 0.01 μm	≤ 0.01 μm	≤ 0.01 μm	0.2 μm	0.1 μm
抗腐蚀能力	强	强	强	极差	较差
造价	中等	低	中等	一般	高

2.2 给水管种类与特点

一些给水管的种类与特点见表 2-2。

表 2-2 一些给水管的种类与特点

名称	介绍	主要特点	应用范围
PB 环保冷热水管（灰色）	以聚丁烯 PB 材料制成的 PB 管道	重量轻，耐久性能好，抗紫外线、耐腐蚀、抗冻耐热性好，管壁光滑，热伸缩性好，节约能源，易于维修改造等	给水（卫生管）及热水管、供暖用管、空调用管、工业用管等
PE 环保健康给水管	PE 环保健康给水管材、管件采用进口 PE100 或 PE80 为原料生产 PE 管材、管件连接可采用热熔承插、热熔对接、电熔等连接方式	使用寿命长，卫生性好，可耐多种化学介质的腐蚀，内壁光滑，柔韧性好，焊接工艺简单；有的 PE 环保健康给水管材 DN20~DN90 为蓝色，DN110 以上为蓝色或黑色带蓝线	市政供水系统、建筑给水系统、居住小区埋地给水系统、工业和水处理管道系统等
PPR 环保健康给水管	PPR 环保健康给水管是家装常见的水管	卫生，安装方便可靠、保温节能，重量轻，产品内外壁光滑，耐热能力高，耐腐蚀，不结垢，使用寿命长	建筑物内的冷热水管道系统、直接饮用的纯净水供水系统、中央（集中）空调系统、建筑物内的采暖系统等

（续）

名称	介绍	主要特点	应用范围
PPR 塑铝稳态复合管	PPR 塑铝稳态复合管道是新型高性能输水管道，其管材由 PPR 内管、内胶粘层、铝层、外胶粘层、PPR 外覆层组成	线膨胀系数小、不渗氧、不透光、卫生性能好、连接简易	民用及工业建筑内冷热水输送系统、饮用水输送系统、中央空调系统及传统供热供暖系统等
PVC-C 环保冷热饮水管	PVC-C 环保冷热饮水管是一种高性能管道	高强度、耐高温、安装方便、无透氧腐蚀、不受水中氯的影响、良好的阻燃性、耐酸碱、导热性能低、细菌不易繁殖、较低的热膨胀系数等	一般家庭公寓旅馆、饮用水及冷热水的配管系统、辐射热太阳能加热系统、温泉水输送系统等
PVC-U 环保给水管	硬聚氯乙烯 (PVC-U) 给水管道是一种发展成熟的供水管材	具有耐酸、耐碱、耐腐蚀性强、耐压性能好、强度高、质轻、流体阻力小、无二次污染等特点	民用建筑、工业建筑的室内供水系统，居住小区、厂区埋地给水系统，城市供水管道系统，园林灌溉、凿井等工程及其他工业用管
环保安全钢塑复合管（涂塑环保钢塑复合管）	涂塑（PE）环保钢塑复合管采用镀锌钢管为基体，以先进的工艺在内壁喷涂、吸附、熔融 PE 粉末涂料并经高温固化的复合管材	内壁光滑、不生锈、不结垢、流体阻力小、耐冲磨、防腐蚀、抗菌卫生性能好等	建筑用供水系统、工业品输送用管道、自来水管网系统等
聚氯乙烯改性高抗冲（PVC-M）环保给水管	高抗冲聚氯乙烯（PVC-M）环保给水管是以 PVC 树脂粉为主材料，添加抗冲改性剂，通过加工工艺挤出成型的兼有高强度、高韧性的高性能新型管道	质量轻、良好的刚度和韧性、卫生环保、连接方式简便、管道运行维护成本低、耐腐蚀	市政给排水、民用给排水、工业供水、工业排水等
钢丝网骨架塑料（PE）复合管（给水用）	钢丝网骨架塑料（PE）复合管是以高强度钢丝、聚乙烯塑料为原材料，以缠绕成型的高强度钢丝为芯层，以高密度聚乙烯塑料为内、外层，形成整体管壁的一种新型复合结构壁管材	有更高的承压强度与抗蠕变性能、具有超过普通纯塑料管的刚性、内壁光滑不结垢、耐腐蚀性好、重量轻等特点	市政工程、化学工业、冶金矿山、农业灌溉用管等
环保安全钢塑复合管（衬塑环保钢塑复合管）	衬塑环保钢塑复合管是采用镀锌钢管为外管，内壁复衬 PVC-U、PE-RT 或 PVC-C 管，经特殊工艺复合而成	卫生安全，有良好的机械性能，密封性能好等	民用供水工程、工业用管道系统、化工管道系统等

2.3 热水 PPR 管材的设计选择

PPR 用于热水系统时，需要根据长期设计温度来选择应用级别。PPR 的应用级别见表 2-3。

表 2-3　PPR 的应用级别

应用级别	设计温度 T_D/℃	T_D 下寿命 / 年	最高温度 T_{max}/℃	T_{max} 下寿命 / 年	故障温度 T_{mal}/℃	T_{mal} 下寿命 /h
级别 1	60	49	80	1	95	100
级别 2	70	49	80	1	95	100

根据系统适合的应用级别和所需管材的设计压力 P_D 确定管材尺寸的管系列 S。

级别 \ P_D/MPa	0.4	0.6	0.8	1.0
级别 1	S5	S5	S3.2	S2.5
级别 2	S5	S3.2	S2.5	S2

tips：设计选择热水 PPR 管材，其实就是确定 PPR 的规格。具体方法如下：首先根据设计温度、最高温度、故障温度来选择 PPR 管材的级别。PPR 管材级别确定好后，再结合设计压力，来确定 PPR 的规格。

tips：一些管材的参考线膨胀量见表 2-4。

表 2-4　一些管材的参考线膨胀量

名称	线膨胀量
PPR 给水管	0.15mm/(m·℃)
PPR 纳料抗菌管	0.15mm/(m·℃)
PPR 玻纤增强管	0.06mm/(m·℃)
PB 采暖管道	0.13mm/(m·℃)

2.4　冷水 PPR 管材的设计选择

PPR 管材用于冷水系统时，需要根据长期设计温度来选择 PPR 管材的应用级别。根据所需管材的公称压力 P_N 确定管材尺寸的管系列 S，详见表 2-5。

表 2-5　冷水 PPR 管材的设计选择

应用级别	设计温度 T_D/℃	T_D 下寿命 / 年	最高温度 T_{max}/℃	T_{max} 下寿命 / 年	故障温度 T_{mal}/℃	T_{mal} 下寿命 /h
级别 1	60	49	80	1	95	100
级别 2	70	49	80	1	95	100

冷水系统时，根据所需管材的公称压力 P_N

P_N/MPa	1.25	1.6	2.0	2.5	3.2
管系列	S5	S4	S3.2	S2.5	S2

确定管材尺寸的管系列 S

上表是指在 20℃、50 年寿命的条件下的情况。当在 40℃、50 年寿命的条件下，管材的设计压力 $P_D \approx 0.7P_N$

tips：综合上述因素，系统工作压力不大于 0.6MPa 的室内冷、热水管道。可以根据表 2-6 来设计选用管系列 S。

表 2-6 工作压力不大于 0.6MPa 的室内冷、热水管道的设计选择

使用条件	级别 1	级别 2	冷水（≤ 40℃）
管系列	S3.2，S2.5	S2.5，S2	S5，S4

2.5 PPR 管的选择判断

PPR 管的选择判断方法见表 2-7。

表 2-7 PPR 管的选择判断方法

方　法	正 PPR 管	伪 PPR 管
冠名	正规的标识为："冷热水用 PPR 管"	冠以"超细粒子改性聚丙烯管""PPE 管"等非正规名称的，均为伪 PPR 管
密度	伪 PPR 管的密度要比 PPR 水管略大，用手掂一下，伪 PPR 管更重一些	
色彩	PPR 管呈白色亚光或其他色彩的亚光，伪 PPR 管光泽明亮或色彩特别鲜艳	
透光	PPR 管完全不透光	伪 PPR 管轻微透光或半透光
手感	PPR 管手感柔和	伪 PPR 管手感光滑
落地声	落地声较沉闷	伪 PPR 管落地声较清脆

2.6 安全经济选用 PPR 管

安全、经济选用 PPR 管的方法见表 2-8。

表 2-8 安全、经济选用 PPR 管的方法

项　目	解　说
管道总体使用安全系数 C 的确定	一般场合且长期连续使用温度＜ 70℃，可选安全系数 C=1.25；重要场合且长期连续使用温度≥ 70℃，且有可能较长时间在更高温度运行的，可选安全系数 C=1.5
针对冷水、热水的选择	用于冷水≤ 40℃的系统，可选择 P_N ＞ 1.0~1.6MPa 管材、管件 用于热水系统可以选用 P_N ≥ 2.0MPa 管材、管件
管件的 SDR 与管材的 SDR	管件的 SDR 应不大于管材的 SDR，即管件的壁厚应不小于同规格管材的壁厚

2.7 水龙头的设计选择

设计选择水龙头，需要根据图 2-1 来进行。

tips：设计选择水龙头，可以首先确定水龙头的应用类型，例如洗衣机龙头、面盆龙头、拖把池龙头、浴缸淋浴龙头等，然后确定水龙头的冷热类型与安装方式，再考虑其他方面。也就是首先选择对于设计具有"硬性"约束的因素，其次，才考虑那些"随便采用均可行"的因素。

图 2-1 水龙头的设计选择

选购水龙头的一些窍门如下：

（1）买水龙头，质量在前，款式在后。

（2）选择水龙头时，需要考虑环保功能。

（3）购买时，应注意多看多试。

2.8 地漏的设计选择

设计选择地漏，需要根据图 2-2 进行。

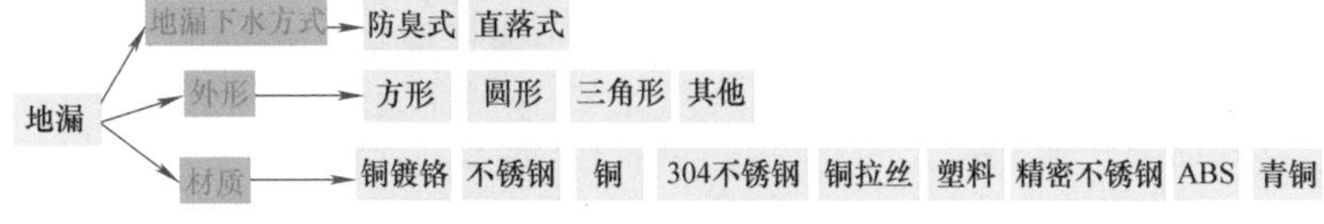

图 2-2 设计选择地漏

tips：设计选择地漏，可以首先确定地漏的排水能力、下水方式与外形，然后再考虑材质等。

地漏排水能力见表 2-9。

表 2-9 地漏排水能力

规格 DN/mm	用于地面排水 /（L/s）	接器具排水 /（L/s）
50	1.0	1.25
75	1.7	—
100	3.8	
125	5.0	
150	10.0	

一些地漏的设计选择如图 2-3 所示。

另外，排水漏斗适用于需要间接排水或形成空气隔断，且不能造成喷溅及水渍的场所。

设计选择地漏的一些窍门如下：

直通式地漏——仅用于地面及洗衣机排水。箅子强度根据安装场所荷载分为轻型(0.75kN)和重型(4.5kN)，设在车道等处的地漏应采用重型

直埋式地漏——用于排水管及地漏直埋在填层内的情况，带50mm水封，总高度<250mm

防溢地漏——用于有可能冒溢的场所，防溢性能在0.04MPa水压下30min不返溢

带水封地漏——水封高度≥50mm，水封部件与地漏本体应有固定措施，排出口方向分垂直向下和横向排水

密闭型地漏——用于医院手术室、洁净厂房、制药等行业。密封性能≥0.04MPa水压

带网框地漏——用于公共厨房、浴室等含有大量杂质的排水场所。网框可拆洗，滤网孔径或孔宽4～6mm。过水孔隙总面积≥2.5倍排出口断面

侧墙式地漏——用于排水管不允许穿越下层的场所

多通道地漏——可接1～2个排水器具，水封高度≥50mm，流量≥1.25L/s

图 2-3　一些地漏的设计选择

（1）设计选择地漏时，需要认识地漏的构造。普通的地漏一般都包括地漏体、漂浮盖。目前，许多地漏防臭主要是靠水封。因此，其构造的深浅、设计是否合理决定了地漏排污能力、防异味能力的大小。

（2）地漏用途从使用功能专属上分，可以分为普通使用地漏、洗衣机专用地漏。洗衣机专用地漏，中间有一个圆孔，可供排水管插入，上覆可旋转的盖，不用时可以盖上，用时可以旋开。但是，防臭功能不如普通地漏。一般建议，房间中尽量不要过多设计、安装地漏，因此，一些地漏是两用的。

（3）设计选择时，需要注意安装误区。

尺寸——房地产商在交房时排水的预留孔，有的比较大，则装修设计时，需要确定是否需要修整。市场上的地漏，一般是标准尺寸的。因此，在装修设计阶段就需要选定中意的地漏，然后根据地漏的尺寸去设计施工排水口。地漏箅子的开孔孔径设计，一般控制在 6~8mm 间，以防止头发、污泥、沙粒等污物进入地漏。

多通道地漏的进水口不宜设计过多——多通道地漏一个本体通常有 3~4 个进水口（承接洗面器、浴缸、洗衣机、地面排水），该种结构不仅影响地漏的排水量，而且也不符合实际的设计情况。因此，多通道地漏的进水口不应设计过多，一般有两个（地面与浴缸，或地面与洗衣机）即可。

（4）材质选择有讲究 。市场上的地漏从材质上，可以分为不锈钢地漏、PVC 地漏、全铜地漏等。地漏埋在地面以下，要求密封好，并且不经常更换。因此，设计选择适当的材质是重要的。其中：

全铜地漏——全铜地漏属于优质的一种地漏。

不锈钢地漏——不锈钢地漏造价高，镀层一般比较薄，因此，使用几年仍逃脱不了生锈的情况。

PVC地漏——PVC地漏价格便宜，防臭效果也不错，但是材质过脆，易老化，使用几年需要更换。

全铜镀铬地漏——全铜镀铬地漏镀层厚，使用时间长了会生铜锈。

（5）防臭地漏的选择。防臭地漏包括水防臭地漏、密封防臭地漏、三防地漏。

水防臭地漏——水防臭地漏是最传统、最常见的地漏。其主要是利用水的密闭性防止异味的散发。水防臭地漏，应尽量选择存水弯比较深的。新型地漏的本体，一般需要保证的水封高度是5cm，以及有一定的保持水封不干涸的能力，以防止泛臭气。

密封防臭地漏——密封防臭地漏是指在漂浮盖上加一个上盖，将地漏体密闭起来以防止臭气散发。密封防臭地漏外观现代前卫，但是使用时每次都要弯腰去掀盖子，比较麻烦。有一种改良的密封式地漏，在上盖下装有弹簧，使用时用脚踏上盖，上盖就会弹起，不用时再踏回去，相对方便一些。

三防地漏——三防地漏属于先进的防臭地漏。该地漏体下端排管处安装了一个小漂浮球，日常利用下水管道里的水压、气压将小球顶住，使其与地漏口完全闭合，从而起到防臭、防虫、防溢水等作用。

2.9 瓷质与陶质卫生陶瓷产品分类的设计选择

瓷质卫生陶瓷产品分类的设计选择见表2-10。陶质卫生陶瓷产品分类的设计选择见表2-11。

表2-10 瓷质卫生陶瓷产品分类的设计选择

种类	类型	结构	安装方式	排污方向	按用水量分	按用途分
坐便器	挂箱式 坐箱式 连体式 冲洗阀式	冲落式 虹吸式 喷射虹吸式 旋涡虹吸式	落地式 壁挂式	下排式 后排式	普通型 节水型	成人型 幼儿型 残疾人/老年人专用型
水箱	高水箱 低水箱	—	壁挂式 坐箱式 隐藏式	—	—	—
小件卫生陶瓷	皂盒、 手纸盒等	—	—	—	—	—
蹲便器	挂箱式 冲洗阀式	—	—	—	普通型 节水型	成人型 幼儿型
小便器	—	冲落式 虹吸式	落地式 壁挂式	—	普通型 节水型	—
洗面器	—	—	台式 立柱式	—	—	—
净身器	—	—	壁挂式 落地式	—	—	—
洗涤槽	—	—	台式 壁挂式	—	—	住宅用 公共场所用

表 2-11　陶质卫生陶瓷产品分类的设计选择

种　类	类　型	安装方式
洗涤槽	家庭用、公共场所用	台式、壁挂式
水箱	高水箱、低水箱	壁挂式、坐箱式、隐藏式
小件卫生陶瓷	皂盒等	—
洗面器	—	台式、立柱式、壁挂式
不带存水弯的小便器	—	落地式、壁挂式
净身器	—	落地式、壁挂式

卫生陶瓷的参考尺寸与允许偏差见表 2-12。

表 2-12　卫生陶瓷的参考尺寸与允许偏差　　（单位：mm）

尺寸类型	尺寸范围	允许偏差
孔眼直径	$\phi < 15$ $15 \leqslant \phi \leqslant 30$ $30 < \phi \leqslant 80$ $\phi > 80$	+2 ±2 ±3 ±5
孔眼圆度	$\phi \leqslant 70$ $70 < \phi \leqslant 100$ $\phi > 100$	2 4 5
孔眼中心距	≤100 >100	±3 规格尺寸 ×（±3%）
孔眼距产品中心线偏移	≤100 >100	3 规格尺寸 ×3%
孔眼距边	≤300 >300	±9 规格尺寸 ×（±3%）
安装孔平面度	—	2
排污口安装距	—	+5 −20
外形尺寸	—	规格尺寸 ×（±3%）

2.10　台盆的设计选择

台盆，可以分为台上盆、台下盆两种。这样的分类，不是根据台盆本身来区别，而是根据安装上的差异。台盆的类型如图 2-4 所示。

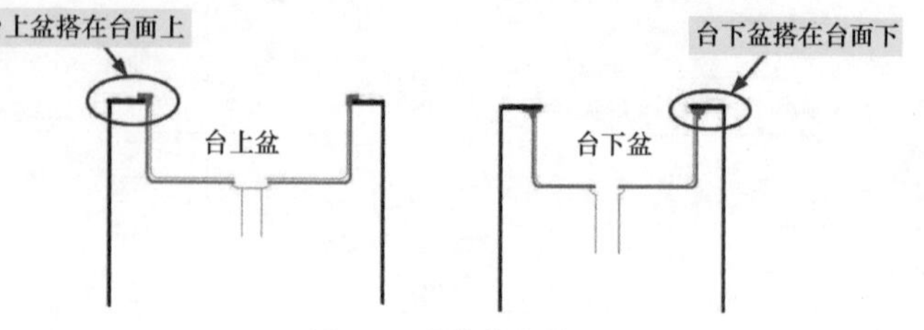

图 2-4　台盆的类型

台上盆就是台盆突出台面。台上盆的安装比较简单，使用方便，占用面积小。根据台上盆安装的具体位置分类如下：

独立式台上盆——又称为碗盆、桌上盆，其完全是放在台上的。

嵌入式台上盆——其是一种翻边的盆，翻边压在台面上。

根据材质的分类如下：

（1）**陶瓷台上盆**——目前市场上的面盆系列产品中，陶瓷材质的面盆是主流。其可设计搭配任何装修风格、各种大小的空间。陶瓷台上盆造型多样，以白色为主，具有不易脏，清水加抹布擦拭即可等特点。

（2）**钢化玻璃台上盆**——晶莹剔透，色彩多样化，图案多，相对价格较高，尤其适合追求独特的年轻白领。

（3）**不锈钢台上盆**——不锈钢材质的台上盆多用于厨房，清洁方便。

（4）**人造石台上盆**——人造石台上盆一般是整体连在一起，相对陶瓷、玻璃的台上盆，清洁更为方便，协调性更强。

台上盆，通常设计摆放在洗脸池的台面上，并且注意水管的连接方便、可行。小户型卫浴间空间较小，一般设计采用单盆的台上盆。卫浴间较大的，可以设计采用双盆，甚至多盆的款式，以显大方得体。

tips：设计选择面盆时，首先要考虑到安装环境的空间大小。一般情况下，宽度小于 70cm 的空间设计安装面盆时，一般不设计选择台上盆。因为，要将台上盆安装在 70cm 以内，可选择的产品种类少，并且安装后会显得局促。另外，设计选择面盆时，还需要考虑给水管、排水管的位置，需要根据给水、排水管周围的空间环境，搭配面盆。

从颜色、款式上，市面上台上盆已经有很多的选择。设计搭配时，需要考虑卫浴间的风格。

简约风格的——可以设计采用较为经典的款式。

个性化的——可以设计采用树叶、贝壳形状等款式。

台上盆与浴室柜的颜色——台上盆与浴室柜是浴室的重要组成部分，在颜色选择上，可以设计选择与浴室柜同一色系为妥，不宜设计选择反差过大的颜色。

某款台下式洗脸盆及固定卡尺寸如图 2-5 所示。

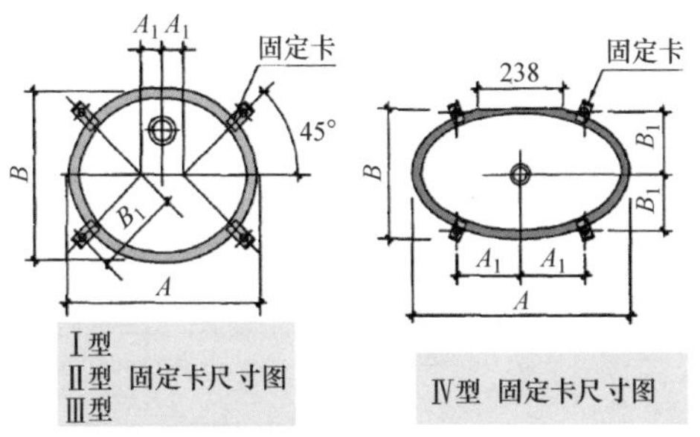

图 2-5　某款台下式洗脸盆及固定卡尺寸

某款台下式洗脸盆及固定卡尺寸表

型式 \ 尺寸	A	B	A_1	B_1
Ⅰ型	489	413	57.2	197
Ⅱ型	540	438		216
Ⅲ型	489	410		197
Ⅳ型	606	365	178	168

图 2-5　某款台下式洗脸盆及固定卡尺寸（续）

2.11　太阳能集热器的设计选择

太阳能集热器的类型如下。

（1）真空管集热器——采用透明管，以及在管壁与吸热体间有真空空间的一种太阳能集热器。

（2）平板型集热器——吸热体表面基本为平板形状的非聚光型太阳能集热器。

（3）非聚光型集热器——进入采光口的太阳辐射不改变方向也不集中射到吸热体上的太阳集热器。

不同类型的太阳能集热器的特点见表 2-13。

表 2-13　不同类型的太阳能集热器的特点

运行条件		运行方式	
		平板型	真空管型
运行期内最低环境温度	高于 0℃	可用	可用
	低于 0℃	不可用①	可用②

① 采用防冻措施后可用。
② 如不采用防冻措施，应注意最低环境温度值及阴天持续时间。

太阳能热水系统的运行方法与系统分类的设计选择见表 2-14。

表 2-14　太阳能热水系统的运行方法与系统分类的设计选择

运行方式	适用范围
强制循环间接加热系统（双贮水装置）	适用于对建筑美观要求高、供热水规模较大、供热水要求较高的建筑
强制循环间接加热系统（单贮水装置）	适用于对建筑美观要求高、供热水规模较小、供热水要求较高的建筑
强制循环直接加热系统（双贮水装置）	适用于对建筑美观要求高、供热水规模较大、供热水要求较高的建筑
强制循环直接加热系统（单贮水装置）	适用于对建筑美观要求高、供热水规模较小、供热水要求不高的建筑
直流式系统	适用于供热水规模小、用水时间固定、用水量稳定的建筑，如洗衣房、公共浴池
自然循环系统	适用于供热水规模小、用热水要求不高、冬季无冰冻地区的建筑

自然循环系统——仅利用传热工质内部的密度变化来实现集热器与贮水箱间或集热器与换热器间进行循环的一种太阳能热水系统。

直流式系统——传热工质一次流过集热器加热后，进入贮热水处的一种非循环太阳能热水系统。

强制循环系统——其是利用泵迫使传热工质通过集热器或换热器进行循环的一种太阳能热水系统。

集中热水供应系统——采用集中的太阳能集热器与集中的贮水箱供给一幢或几幢建筑物所需热水的系统。

集中 - 分散热水供应系统——采用集中的太阳能集热器与分散的贮水箱供给一幢建筑物所需热水的系统。

太阳能热水系统的设计参考选择见表 2-15。

表 2-15 太阳能热水系统的设计参考选择

建筑物类别			居住建筑			公共建筑		
			低层	多层	高层	宾馆医院	游泳馆	公共浴室
太阳能热水系统类型	集热与热水供应范围	集中热水供应系统	●	●	●	●	●	●
		集中 - 分散热水供应系统	●	●	—	—	—	—
		分散热水供应系统	●	—	—	—	—	—
	系统运行方式	自然循环系统	●	●		●	●	●
		强制循环系统	●	●	●	●	●	●
		直流式系统		●	●	●	●	●
	集热器内传热工质	直接系统	●	●	●	●	—	●
		间接系统	●	●	●	●	●	●
	辅助能源安装位置	内置加热系统	●	●	—	—	—	—
		外置加热系统		●	●	●	●	●
	辅助能源启动方式	全日自动启动系统	●	●	●	●	—	—
		定时自动启动系统	●	●	●	—	●	●
		按需手动启动系统	●	—	—	—	●	●

注：表中“●”为参考可选项目。

2.12 液位继电器的设计选择

液位继电器是控制水池、水箱等水位的一种继电器。通过液位继电器判断水位的高低来控制水泵进行抽水来给水池供水。该类继电器内部有电子线路，利用液体的导电性，当液面达到一定高度时继电器就会动作，切断电源，液面低于一定位置时接通电源使水泵工作，达到自动控制的作用。

液位继电器 JYB714A 220V 供水接线设计示意图、安装接线图如图 2-6 所示。

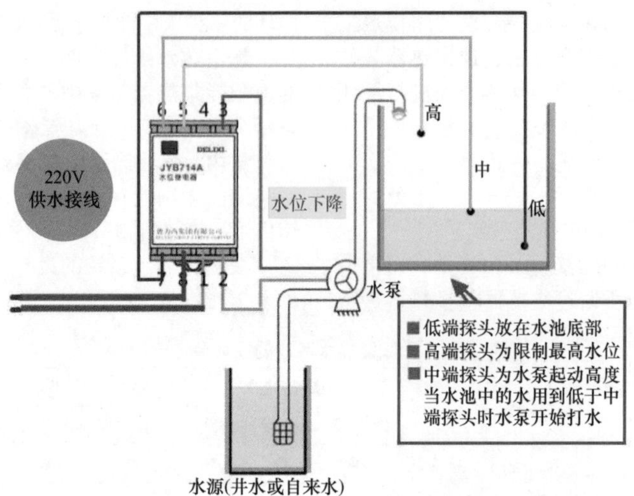

图 2-6 液位继电器 JYB714A 220V 供水接线设计示意图、安装接线图

液位继电器 JYB714A 220V 电压供水接线说明：根据液位控制继电器 JYB714A 的配套底座上的接线编号接入对应的线路，编号 1、8 接电源线；编号 2、3 为内部继电器常开触点；编号 5、6、7 用于接水位探头；其中，编号 5 接高水位，编号 6 接中水位，编号 7 接低水位。

液位继电器 JYB714A 工作的特点如下：低端探头放在水池底部，中端探头作为水泵起动高度。当水池中的水用到低于中端探头时，水泵起动开始打水。高端探头作为限制最高水位，当水池中的水位到达高位时，水泵停止运行。

液位继电器 JYB714A 380V 供水接线设计示意图、安装接线图如图 2-7 所示。

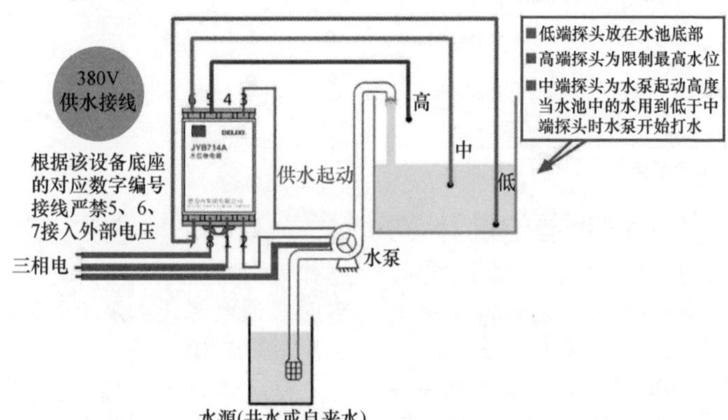

图 2-7 液位继电器 JYB714A 380V 供水接线设计示意图、安装接线图

液位继电器 JYB714A 380V 电压供水接线说明：根据液位控制继电器 JYB714A 的配套底座上的接线编号接入对应的线路，通过对水池中水位的监测来决定是否起动抽水电动机抽水，其中液位继电器编号 1、2、3 用于接电源线；编号 5、6、7 用于接水位探头的；其中，编号 5 接高水位，编号 6 接中水位，编号 7 接低水位。

液位继电器 JYB714A 380V 工作的特点如下：低端探头放在水池底部，中端探头作为水泵起动高度。当水池中的水用到低于中端探头时，水泵起动开始打水。高端探头作为限制最高水位，当水池中的水位到达高位时，水泵停止运行。

2.13 电表的设计选择

目前，家装电表，一般建筑开发商已经安装在电表箱内。电表箱图例如图 2-8 所示。对于一些店装、公装，则可能涉及电表箱的设计选择。

图 2-8 电表箱图例

电表箱内的电表，无论是家装，还是店装、公装，均需要判断原电表是否适用，或者需要重新设计、安装。

电表，也叫作电能表。其是测量用户用电器在某一段时间内所做的电功，即某一段时间内消耗电能的一种仪器。

电表分为单相电能表、三相三线有功电能表、三相四线有功电能表、三相无功电能表等种类。

电表型号的表示方式如下：

第一部分：类别代号

第二部分：组别代号

第三部分：设计序号

[举例] 一些类别代号含义如下：

DB——表示标准电能表。

DDFG、DTFG、DSFG——复费率电表。

DDY、DTY——预付费电表。

DD——表示单相电表，例如 DD86 为单相电表。

DSD ——单相电子式电表。

DSSD ——三相三线式电子式电表。

DS——表示三相三线电表，例如 DS86 为三相三线电表。

DTSD——三相四线式电子式电表。

DT——表示三相四线电表，例如 DT86 为三相四线电表。

DX——表示无功电能表。

电表的准确度等级表示如下：

准确度 2.0 级——表示允许误差为 ±2%。

准确度 1.0 级——表示允许误差为 ±1%。

准确度 0.2 级——表示允许误差为 ±0.2%。

准确度 0.5 级——分别表示允许误差为 ±0.5%。

对工业与民用电能表而言，各类电表有如下分类体系：

（1）单相电能表，精度等级 1.0、2.0，负载范围 Ib（%）5~200、5~600。

（2）三相三线有功电能表，精度等级 0.5、1.0、2.0，负载范围 Ib（%）5~150、5~600。

（3）三相四线有功电能表，精度等级 1.0、2.0，负载范围 Ib（%）5~150、5~600。

（4）三相三线无功电能表，精度等级 2.0、3.0，负载范围 Ib（%）5~150、5~400。

电表上作为计算负载的基数电流值叫作标定电流，一般是用 I_b 来表示。把电能表能够长期正常工作，而误差与温升完全满足规定要求的最大电流值叫作额定最大电流，一般是用 I_Z 来表示。

三相电表铭牌上的额定电压有不同的标注方法，例如：

标注 3×380V——表示相数是三相，额定线电压是 380V。

标注 3×380/220V——表示相数是三相，额定线电压是 380V，额定相电压是 220V。

［举例］ 电表上“220V”“5A”“3000R/kW·h”等字样含义如下：

220V——电表额定电压为 220V。

5A——允许通过的最大电流是 5A。

3000R/kW·h——每消耗一度电电能表转盘转 3000 转。

一些电表的接线图例如图 2-9 所示。

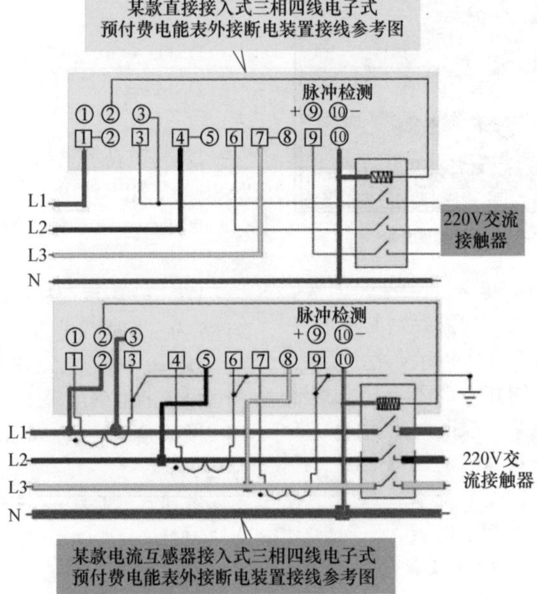

图 2-9 一些电表的接线图例

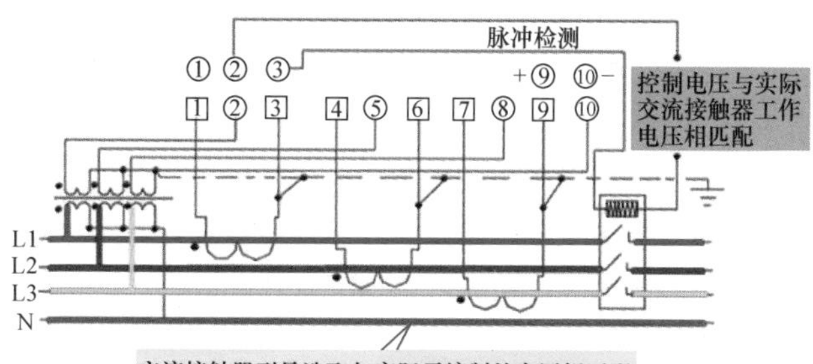

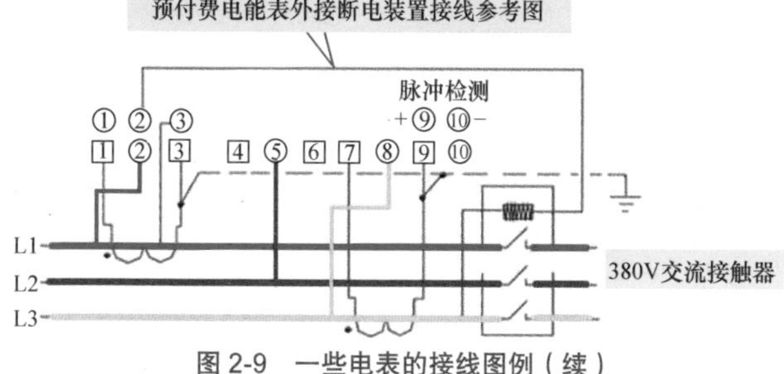

图 2-9 一些电表的接线图例（续）

2.14 电线的设计选择

耐火电线电缆的主要功能是在绝缘、护套被火燃烧后，靠缠包在铜导体上的云母耐火保护而继续通电一段时间。一般耐火电线电缆，如果不在绝缘、护套层添加阻燃剂，就不具备阻燃特性。

考虑到实际工程中，电线、电缆多采用金属线槽或电缆桥架敷设。如果采用非阻燃的耐火电线、电缆，在火中具有延燃性，对其他线路影响较大。因此，一些公装等装修工程需要设计、选择具有阻燃特性的耐火电线、电缆。

电线颜色的设计选择如下：

相线 L——设计应用红色电线（黄色电线备用）。

零线 N——设计应用蓝色电线（黄色、绿色电线备用）。

地线 PE——设计应用黄绿双色电线。

铜线、铝线截面积（mm^2）型号系列有 1、1.5、2.5、4、6、10、16、25、35、50、70、95mm^2 等。家装用电常见配线参考设计选择如下：

厨房插座用铜电线——4mm^2。

灯具开关用铜电线——1.5~2.5mm^2。

电热水器用铜电线——4mm^2。

空调插座用铜电线——4mm^2。

普通插座用铜电线——2.5mm²。

入户线用铜电线——6~10mm²。

中央空调用铜电线——6mm²。

对于单相负载220V的电线的选择，相线、零线、地线的规格设计相同。对于公装等装修工程，电缆的设计选择参考如下：

（1）三相四线制，电源类一般设计使用四根电缆同规格的，电动机类地线设计取相线的一半。

（2）三相五线制，一般设计使用4+1电缆，也就是零线与相线同规格，地线为相线的一半。

（3）相线为16mm²以下的，地线截面设计使用与相线截面相同规格的。

（4）相线为16~35mm²的，地线截面设计使用最小为16mm²。

（5）相线为35mm²以上的，地线截面设计使用最小为相线截面的一半，具体见表2-16。

表2-16　电线的设计选择

相线截面积 S/mm²	地线（PE）截面积/mm²
$S < 16$	$S=PE$
$16 < S < 35$	$PE=16$
$S > 35$	$PE=S/2$

tips：电线的mm²数，是指国家标准规定的一个线规格标称值。电线的平方，实际上标的是电线的横截面积，也就是电线圆形横截面的面积，单位一般为mm²。10（mm²）以下的一般叫电线，10（mm²）以上的叫电缆。

单相线路中，由于零线、相线所通过的负荷电流相同，因此零线截面应设计选择与相线截面相同。

电线在不同温度线截面积与电流对照见表2-17。

表2-17　电线在不同温度线截面积与电流对照

线截面积（大约值）	铜线温度			
	60℃	75℃	85℃	90℃
	电流/A			
2.5mm²	20	20	25	25
4mm²	25	25	30	30
6mm²	30	35	40	40
8mm²	40	50	55	55
14mm²	55	65	70	75
22mm²	70	85	95	95
30mm²	85	100	110	110
38mm²	95	115	125	130

（续）

线截面积（大约值）	铜线温度			
	60℃	75℃	85℃	90℃
	电流 /A			
50mm²	110	130	145	150
60mm²	125	150	165	170
70mm²	145	175	190	195
80mm²	165	200	215	225
100mm²	195	230	250	260

一般而言，经验载电量是当电网电压为220V时，每mm²电线的经验载电量是1kW左右。铜线每mm²，可以载电量1~1.5kW，铝线每mm²可载电量0.6~1kW。

工作温度30℃，长期连续90%负载下的参考载流量如下：

1.5mm²——18A。

2.5mm²——26A。

4mm²——26A。

6mm²——47A。

10mm²——66A。

16mm²——92A。

25mm²——120A。

35mm²——150A。

铜电线明敷时的参考载流量见表2-18。

表 2-18　铜电线明敷时的参考载流量　明敷时载流量单位：A

导线截面积 /mm²	铜芯塑料线				单相功率（电热）/W	三相功率（电热）/W
	25℃	30℃	35℃	40℃		
0.75	16	15	14	13	2860	8546
1.0	19	18	16	15	3300	9861
1.5	24	22	21	19	4148	12491
2.5	32	30	28	25	5500	16435
4	42	39	36	33	7260	21694
6	55	51	48	44	9680	28926
10	75	70	65	59	12980	38787
16	105	98	91	83	18260	54564
25	138	129	119	109	23980	71657
35	170	159	147	134	29480	88092
50	215	201	186	170	37400	111758

注：最高允许温度 +65℃

一定长度与线径大小的导线往往具有一定的阻抗，影响电源的输出特性。因此，在输出端子上所量测出来的电压会存在不同于负载上的电压，一般而言，该电位差不得大于0.5V。当电位差大于0.5V时，可以设计将线径加粗1~3倍。不同线截面积的参考阻抗见表2-19。

表2-19　不同线截面积的参考阻抗

线截面积（大约值）	阻抗（20℃）/（mΩ/m）
$0.5mm^2$	52.8
$0.75mm^2$	33.5
$1.0mm^2$	20.96
$1.5mm^2$	13.19
$2.5mm^2$	8.30
$4mm^2$	5.22
$6mm^2$	3.277

电线截面承载参考功率对照如下：

$1.5mm^2$、$2.5mm^2$、$4mm^2$、$6mm^2$、$10mm^2$ 的导线——可以将其截面积数乘以5倍。

$16mm^2$、$25mm^2$ 的导线——可以将其截面积数乘以4倍。

$35mm^2$、$50mm^2$ 的导线——可以将其截面积数乘以3倍。

$70mm^2$、$95mm^2$ 的导线——可以将其截面积数乘以2.5倍。

$120mm^2$、$150mm^2$、$185mm^2$ 的导线——可以将其截面积数乘以2倍。1P~5P空调设计选择的铜线如下：1P~2P空调设计选择用 $2.5mm^2$ 的电线，3P设计选择用 $4mm^2$ 的电线。

一些电线电缆的型号、名称与参考适用范围见表2-20。

表2-20　一些电线电缆的型号、名称与参考适用范围

型　号	名　称	参考适用范围
KVV	聚氯乙烯绝缘控制电缆	一般设计敷设于电器、仪表、配电装置的信号传输、控制、测量等
KVVP	聚氯乙烯护套编织屏蔽电缆	一般设计敷设于电器、仪表、配电装置的信号传输、控制、测量等
RVV	护套线	一般设计敷设于楼宇对讲、防盗报警、消防、自动抄表等工程
RVVP	屏蔽线	一般设计敷设于楼宇对讲、防盗报警、消防、自动抄表、家用电器、小型电动工具等工程
VV32	聚氯乙烯绝缘细钢丝铠装聚氯乙烯护套电力电缆	一般设计敷设在室内、矿井中，电缆能够承受相当的拉力
VV42	聚氯乙烯绝缘粗钢丝铠装聚氯乙烯护套电力电缆	一般设计敷设在室内、矿井中，电缆能够承受相当的轴向拉力
YJV	铜芯聚乙烯绝缘聚乙烯护套电力电缆	一般设计敷设在室内、隧道、管道中，电缆不能够承受压力、机械外力作用
YJV22	铜芯聚乙烯绝缘钢带铠装聚乙烯护套电力电缆	一般设计敷设在室内、隧道、直埋土壤中，电缆能承受压力、其他外力作用
ZR-VV	聚氯乙烯绝缘聚氯乙烯护套阻燃电力电缆	一般设计敷设在室内、隧道、管道中，电缆不能够承受压力、机械外力作用
ZR-VV22	聚氯乙烯绝缘钢带铠装聚氯乙烯护套阻燃电力电缆	一般设计敷设在室内、隧道、直埋土壤中，电缆能够承受压力、其他外力作用
ZR-VV32	聚氯乙烯绝缘细钢丝铠装聚氯乙烯护套阻燃电力电缆	一般设计敷设在室内、矿井中，电缆能够承受相当的拉力
ZR-VV42	聚氯乙烯绝缘粗钢丝铠装聚氯乙烯护套阻燃电力电缆	一般设计敷设在室内、矿井中，电缆能够承受相当的轴向拉力

另外一些电线电缆适用范围如下：

RVS、RVB——一般设计用于家用电器、小型电动工具、仪器、仪表、动力照明连接用电缆。

BV、BVR（聚氯乙烯绝缘电缆）——一般设计用于电器仪表设备、动力照明固定布线等。

电缆的型号一般由八部分组成：

一部分用途代码——不标为电力电缆，K表示为控制缆，P表示为信号缆。

二部分绝缘代码——Z表示为油浸纸，X表示为橡胶，V表示为聚氯乙烯，YJ表示为交联聚乙烯。

三部分导体材料代码——不标表示为铜，L表示为铝。

四部分内护层代码——Q表示为铅包，L表示为铝包，H表示为橡套，V表示为聚氯乙烯护套。

五部分派生代码——D表示为不滴流，P表示为干绝缘。

六部分外护层代码。

七部分特殊产品代码——TH表示为湿热带，TA表示为干热带。

八部分额定电压——单位为kV。

[举例] 一些电缆的名称如下：

NH——表示为耐火型。

V——表示为聚氯乙烯绝缘或护套。

WDN——表示为无卤低烟耐火型。

WDZ——表示为无卤低烟阻燃型。

YJ——表示为交联聚乙烯绝缘。

ZR——表示为阻燃型。

tips：器具的额定电流相应使用的软体线横截面积如下：

（1）大于0.2A小于等于3A的器具，应用软线横截面积为$0.5mm^2$和$0.75mm^2$。

（2）大于3A小于等于6A的器具，应用软线横截面积为$0.75mm^2$和$1.0mm^2$。

（3）大于6A小于等于10A的器具，应用软线横截面积为$1.0mm^2$和$1.5mm^2$。

（4）大于10A小于等于16A的器具，应用软线横截面积为$1.5mm^2$和$2.5mm^2$。

（5）大于16A小于等于25A的器具，应用软线横截面积为$2.5mm^2$和$4.0mm^2$。

（6）大于25A小于等于32A的器具，应用软线横截面积为$4.0mm^2$和$6.0mm^2$。

（7）大于32A小于等于40A的器具，应用软线横截面积为$6.0mm^2$和$10.0mm^2$。

（8）大于40A小于等于63A的器具，应用软线横截面积为$10.0mm^2$和$16.0mm^2$。

2.15 墙壁开关、插座的设计选择

常见的墙壁开关、插座型号与尺寸见表2-21。

表2-21 常见的墙壁开关、插座型号与尺寸

型号	示意图	外观尺寸	开孔尺寸	安装	底盒示意图
86型		86mm×86mm	60mm	暗装	

（续）

型号	示意图	外观尺寸	开孔尺寸	安装	底盒示意图
118 型		118mm × 72mm	83.5mm	暗装	
118 型		118mm × 72mm	83.5mm	暗装	
118 型		154mm × 72mm	121mm	暗装	
118 型		195mm × 72mm	160.5mm	暗装	
120 型		120mm × 70mm	83.5mm	暗装	

开关的一些分类见表 2-22。

表 2-22　开关的一些分类

分　类	解　说
地域分布	国内大部分地区使用 86 型开关，一些地区使用 118 型开关，很少地区使用 120 型开关
功能	一开单（双）控开关、两开单（双）控开关、三开单（双）控开关、四开单（双）控开关、声光控延时开关、触摸延时开关、门铃开关、调速（调光）开关、插卡取电开关等
规格尺寸	86 型开关、118 型开关、120 型开关等
接线	螺钉压线开关、双板夹线开关、快速接线开关、钉板压线开关等
开关的连接方式	单控开关、双控开关、双极双控开关等
开关的启动方式	拉线开关、倒扳开关、按钮开关、跷板开关、触摸开关等
与插座的关联	单独开关、插座开关
其他	根据材料、品牌、风格、外形特征等又可以分为具体不同的名称、种类开关

一些开关的特点见表 2-23。

表 2-23　一些开关的特点

名　称	解　说
118 型开关	118 型开关一般指的是横装的长条开关；118 型开关一般是自由组合式样的：在边框里面卡入不同的功能模块组合而成；118 型开关一般用小盒、中盒、大盒来表示，其长度分别为 118mm、154 mm、195 mm，宽度一般都是 74mm；118 型开关插座的优势就在于它能够根据实际需要与用户喜好调换颜色，拆装也方便；118 型开关可以配到 8 开
120 型开关	120 型开关常见的模块是以 1/3 为基础标准的，即在一个竖装的标准 120mm × 74mm 面板上，能安装三个 1/3 标准模块，模块根据大小可以分为 1/3、2/3、1 位 120 型开关的外形尺寸有两种，一种是单连 120 型开关，尺寸为 74mm × 120mm，可配置一个单元、两个单元或三个单元的功能件；另外一种是双连 120 型开关，尺寸为 120mm × 120mm，可配置四个单元、五个单元或六个单元的功能件

（续）

名　称	解　说
146 型开关	146 型开关的宽是普通开关插座的 2 倍，有四位开关、十孔插座等应用，其面板尺寸一般为 86mm×146mm 或类似尺寸，安装孔中心距为 120.6mm 注意：146 型开关需要长型暗盒才能安装
86 型开关	86 型开关是装饰工程中最常见的一种开关，其外形尺寸为 86mm×86mm，也因此而得名；86 型开关是国际标准，许多国家都是采用该类型的开关；86 型的开关最多有 4 开
触摸开关	触摸开关是一种只需点触开关上的触摸屏即可实现所控制电路的接通与断开的开关；触摸开关的安装、接线与普通机械开关基本相同 一般触摸开关：是采用单线制接线，即与普通开关接线方法是一样的，相线进入线接一端，另外一端接灯具 三线触摸开关：两根相线进开关，其中一根为消防相线，一根为电源相线。另外一根为控制相线从开关出来到灯头
单极开关	单极开关就是只分合一根导线的开关；单极开关完整称呼为单极单联开关；单极开关的极数是指开关开断（闭合）电源的线数；家庭所用的照明控制开关一般都为单极开关
单控开关	单控开关是指能够实现在一个地方控制一盏灯的开关
调光开关	调光开关是指让灯具渐渐变亮或渐渐变暗，可以让灯具调节到相应的亮度的一种开关
调光遥控开关	调光遥控开关是指在调节光功能的基础上可以配合遥控功能，实现遥控器与开关一起操作的特点
调速开关	调速开关一般是调节电动机的速度的一类型开关，例如调节吊扇的开关一般采用调速开关；调光开关与调速开关不能够代替使用。如果调光开关用来调速，则容易损坏电动机；如果调速开关用来调光，则除调光效果差外，调节范围也窄
多位开关	多位开关是几个开关并列，各自控制各自的灯；为了使一些场所开关简洁、美观，应使用多位开关；使用多位开关的一些要求与方法如下： （1）使用多位开关时，一定要有逻辑标准，或按照灯方位的前后顺序，一个一个渐远 （2）厨房的排风开关如果也需要接在多位开关上，则一般放在最后一个，中间控制灯的开关不要跳开
双极开关	双极开关就是两个翘板的开关，也叫双刀开关；双极开关控制两个支路；对于照明电路来说，双极开关可以同时切断相线与零线；双极开关完整称呼为双极单联开关
双开双控开关	双开双控开关中的双开是指有 2 个独立开关，可以分别控制 2 个灯，也就是开或关都在同一开关上 双开双控开关中的双控是指 2 组这样的配合可以互不影响地控制 1 个灯，也就是可任意在其中一个上实现开或关。 双控开关的接线：双控开关一般有三个接线桩（端），中间一个往往是公共端公共点接相线（即进线），另外两个接线桩（端）控制点一根线分别接在另一个开关的接线桩上（不是公共端接相线桩）；另外一只开关的中间接线桩（端）连接到灯头的接线；零线接在灯头的另一个接线桩（端）上；有的双控开关还用于控制应急照明回路需要强制点亮的灯具，则双控开关中的两端接双电源，一端接灯具，即一个开关控制一个灯具
双控开关	双控开关能够实现两个地方控制一盏灯的作用，例如卧室进门处一个双控开关，床头一个双控开关，两个开关通过电线连接后可以实现两地控制卧室灯，而单控开关只有一个地方控制一盏灯

（续）

名 称	解 说
延时开关	延时开关是在开关中安装了电子元器件达到延时功能的一种开关，延时开关又分为声控延时开关、光控延时开关、触摸式延时开关等类型
夜光开关	夜光开关就是开关上带有荧光或微光指示灯，便于夜间寻找位置
荧光开关、LED 开关	荧光开关就是利用荧光物质发光，使得在黑暗处能够看到开关的位置，有利于开启开关的一种开关，该类型的开关，也就是带有荧光指示灯的开关 LED 开关就是其位置指示灯是采用 LED 灯的开关
自由组合开关	自由组合开关需要与相应配件配合使用，才能够实现自由组合

另外，还有门铃开关、人体感应开关、红外接线开关等。

tips：单控开关与双控开关的区别如下。

（1）看外观——单控开关与双控开关的正面没有什么区别，反面有一些区别：即看接线端子。单一单控开关反面一般只有 2 个接线端子，而单一双控开关必须要具有 3 个接线端子。

（2）看代换——单控开关不能够代替双控开关使用，双控开关可以代替单控开关使用。

（3）看功能——单控开关指能够一个地方控制一盏灯，而双控开关可以实现 2 处地方控制一盏灯。也就是单控开关是“一控一”功能，双控开关是“二控一”功能。

tips：大翘板开关与小按钮开关的比较如下。

（1）分断幅度——小按钮开关与大翘板开关在同样的按压幅度，大翘板开关能给活动部件以更大的分断幅度。小按钮开关要实现相近的分断幅度，其内部弹簧的扭度将比大翘板开关更高，也容易出现卡住等问题。

（2）接线数量限制——小按钮占用开关面板空间较少，因此，小按钮开关能够提供 4 位以上的开关，则相应的开关后部的接线过多会塞满暗盒，并且有影响散热问题以及电线容易脱落等问题。大翘板开关一般在 4 位以下，限制了后部的接线数量，保证了开关暗盒内有充足的空间。

（3）降低使用时漏电的危险——小按钮开关一般只有手指大小，如果用户手为潮湿状态，手指与按钮充分接触的同时，也接触到了按钮与面板之间的缝隙。如果开关质量差，可能产生开关内部导体接触到水分而漏电，对使用者造成威胁。大翘板开关的按压空间比较大，可以减少此方面的风险。

16A 插座与 10A 插座的区别如下：

（1）外观区别——10A 五孔插座为 1 个三孔、1 个二孔。16A 插座一般是 1 个三孔，并且比 10A 三孔间距宽一些。

（2）使用区别——从使用上来说，16A 的插头与 10A 插头不通用。10A 插头插不到 16A 插座里去。反过来，也一样不能。

（3）插座金属——16A 插座承载电流量大于 10A 插座。因此，16A 插座用铜也比 10A 插座较多。

（4）承受范围——16A 的插座可以承受 3000W 以内的电器功率，10A

的插座功率最好控制在 1800W 以内。

常用的大功率家用电器主要有空调、电磁炉、热水器等，设计选择大功率家用电器的插座，需要为 16A 的插座或者断路保护器来控制。公装的大功率电器，则一般需要设计选择断路保护器来控制。一般的彩电、电冰箱、洗衣机等设计选择额定电流为 10A 的插座即可。如果是公装的电冰箱、洗衣机，则需要根据功率来设计选择插座。

设计选择插座时，需要注意以下几点：

（1）不选择低劣质量的插座。

（2）插座容量不要过小。

（3）插座不得超期工作。

（4）在插座上，不得设计同时接入多种大功率电器。

（5）插座、插头的接线不得松动，以免接触电阻增大，导致发热。

（6）潮湿环境下，不得设计使用普通插座。在潮湿场所，需要设计安装密封型插座。

（7）插座配套的插头不能氧化或有油污，以免造成插头与插座接触电阻增大，加上负载功率大，导致插头发热。

三孔插座上有专用的保护接零（地）插孔。在接线时，专用接地插孔需要设计与专用的保护接地线相连。如果采用接零保护时，接零线需要设计从电源端专门引来，而不应就近利用引入插座的零线。五孔插座中一般包括了三孔插座，如图 2-10 所示。

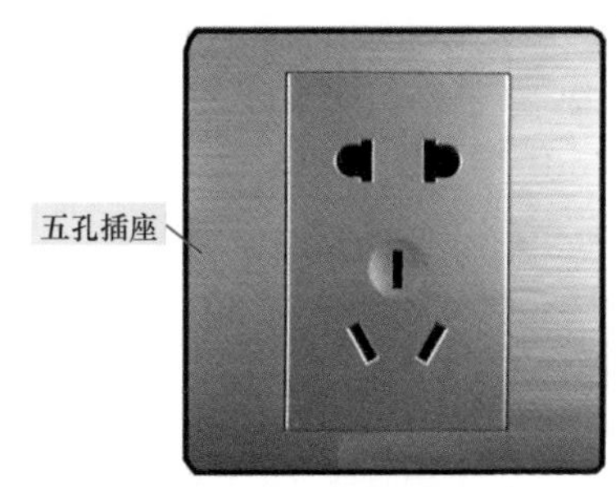

图 2-10　五孔插座

tips：双电源插座——从字面意思而言，双电源插座就是来自两路电源的插座，一般用在重要的计算机中心或银行等场所，要求市电断电后仍能继续工作。一路是市电供电的电源插座，一路是 UPS 系统供电的电源插座。因此，双电源插座与双电源自动切换开关原理是一样的，是为了有备无患。双电源插座的符号如图 2-11 所示。

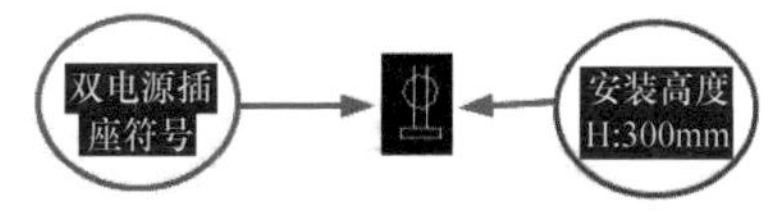

图 2-11　双电源插座的符号

2.16 断路器的设计选择

断路器是指能够关合、承载、开断正常回路条件下的电流，并且能够关合、在规定的时间内承载与开断异常回路条件下的电流的一种开关装置。根据使用范围，断路器可以分为高压断路器、低压断路器。

低压断路器也称为自动空气开关、断路器、空气开关、空开等。低压断路器，可以用来接通、分断负载电路，也可以用来控制不频繁起动的电动机。其功能相当于刀开关、过电流继电器、失压继电器、热继电器、漏电保护器等电器部分或全部的功能总和。

tips：一般而言，对大多数用户来说，空气开关就是断路器，家用这两种开关是没有什么区别的。但是，高压断路器则需要另当别论。

高压断路器，与低压断路器一样是一种电气保护装置，其种类多，一般都有灭弧装置。

tips：隔离开关，又称为刀开关，不能带负荷拉闸。隔离开关是一种高压开关电器，主要用于高压电路中，用来断开无负荷电流的电路，隔离电源，在分闸状态时有明显的断开点，以保证其他电气设备的安全检修。因此，隔离开关只能在电路已被断路器断开的情况下才能进行操作，严禁带负荷操作，以免造成严重的设备、人身事故。只有电压互感器、避雷器、励磁电流不超过2A的空载变压器，电流不超过5A的空载线路，才能够用隔离开关进行直接操作。

断路器种类的设计选择如图2-12所示。

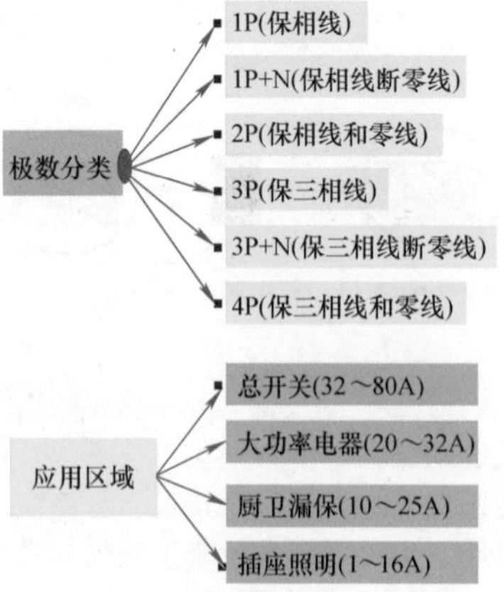

图2-12　断路器种类的设计选择

一些断路器的特点如下：

1P断路器——1P断路器也叫作单极断路器，其接线头只有一个，只能断开一根相线。该种断路器适用于设计控制一相相线。

1P+N断路器——1P+N断路器也叫作1P带零断路器，其接线头有2个，但是与2P断路器的区别在于，它只断开相线而不会断开零线。

2P断路器——2P断路器也叫作双极或两极，其接线头有两个，一个接相线，一个接零线。该种断路器适用于设计控制一相线一零线。

3P断路器——3P断路器也叫作三极断路器，其接线头有三个，三个都接相线。该种开关适用设计于控制三相380V的电压线路。

3P+N断路器——3P+N断路器也叫作三相带零断路器，其接线头有四个，与4P断路器的主要区别在于，它只断开三相相线，而不会断开零线。

4P断路器——4P断路器也叫作四极断路器，其接线头有四个，三个接相线，一个接零线。该种开关适用于设计控制三相四线制线路。

tips：断路器中的P、N等的含义如下：

P——表示为极数。

N——表示为零线。

2P——表示为小型断路器的两极都具有热磁保护功能，其一般宽度为36mm。

1P+N——表示只有相线热磁保护功能，N极没有热磁保护功能，不会与相线同时断开。因此，1P+N比2P更经济实惠一些。

一些断路器的外形与尺寸如图2-13所示。

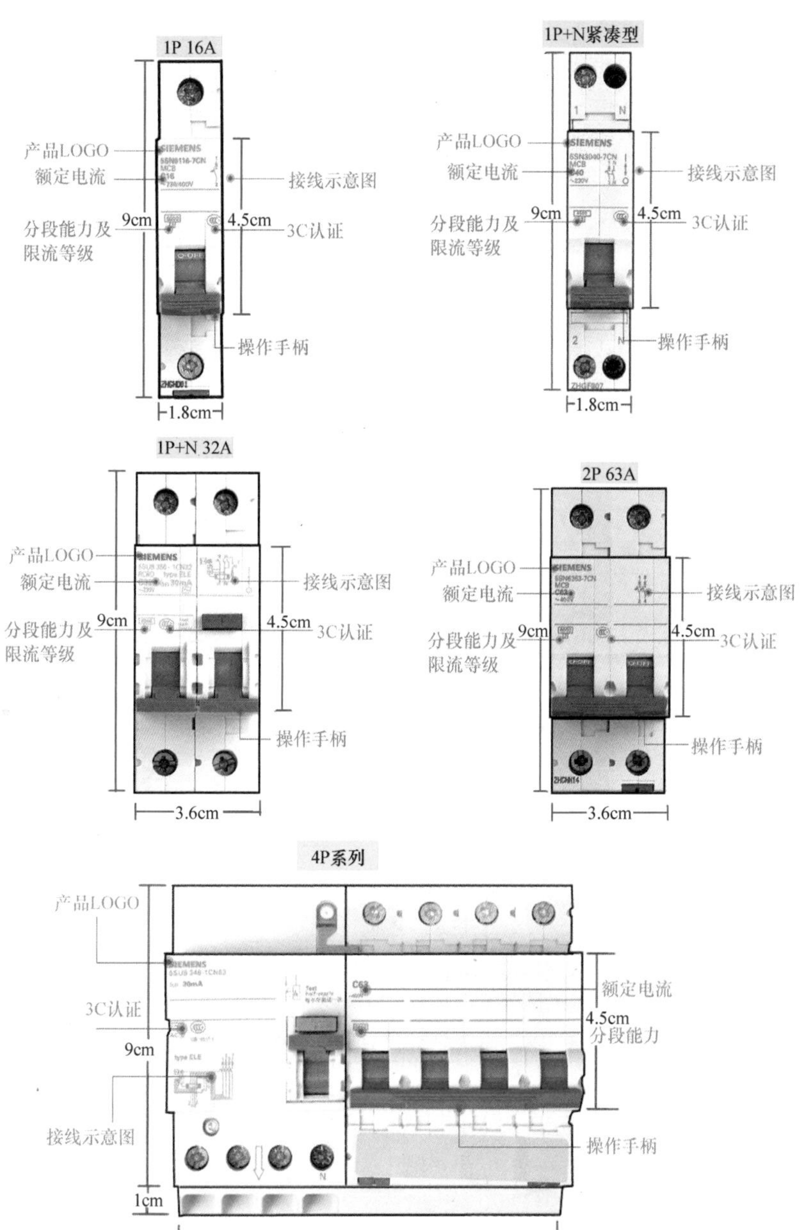

图 2-13 断路器的外形与尺寸

德力西电气断路器更新换代产品新老产品型号对照见表 2-24。

表 2-24 德力西电气断路器更新换代产品新老产品型号对照

德力西产品分类	老产品型号	对应新产品型号
万能框架断路器	CDW1	CDW3
小型断路器	DZ47	DZ47S
小型漏电保护断路器	DZ47LE	DZ47SLE
大电流断路器	CDB2	DZ47-125
大电流漏电保护断路器	CDB2LE	DZ47LE-100
单片双进双出断路器	CDB3	DZ47P
双极漏电保护断路器	CDB3LE	DZ47PLE
隔离开关	CDB5	DZ47G
导轨模数化插座	CDB6X	DZ47X
浪涌保护器	CDY1	DZ47Y
塑壳断路器	CDM1	CDM3
漏电塑壳断路器	CDM1LE	CDM3LE
交流接触器	CJX2	CJX2S
热过载继电器	JRS1D	JRS1DS
接触器式继电器	JZC4	JZC4S

德力西家用大功率漏电断路器 DZ47LE-100 型漏电保护开关的技术参数见表 2-25。

表 2-25 德力西家用大功率漏电断路器 DZ47LE-100 型漏电保护开关的技术参数

标　题	说　明
产品描述	适用于交流 50Hz、额定电压 230V/400V 的低压终端配电系统、高用电负荷场所的负载保护与控制 主要功能——漏电保护、短路保护、过载保护、控制
电流规格	100A
分断能力	10kA
开关极数	1P+N、2P、3P+N、4P
剩余动作电流	30mA、50mA、75mA、100mA、300mA

德力西家用大功率断路器 DZ47-125 型断路保护开关的技术参数见表 2-26。

表 2-26 德力西家用大功率断路器 DZ47-125 型断路保护开关的技术参数

标　题	说　明
产品描述	适用于交流 50Hz、额定电压 230V/400V 的低压终端配电系统、高用电负荷场所的负载保护和控制 主要功能——短路保护、过载保护、控制
电流规格	63~125A
分断能力	10kA
开关极数	1P、2P、3P、4P
可装附件	所有 DZ47S 附件

tips：需要装设漏电保护器的设备与场所如下：

（1）属于I类的移动式电气设备、手持式电动工具，需要装设漏电保护器。

（2）建筑施工工地的电气施工机械设备，需要装设漏电保护器。

（3）暂设临时用电的电器设备，需要装设漏电保护器。

（4）常见建筑物内的插座回路，需要装设漏电保护器。

（5）客房内插座回路，需要装设漏电保护器。

（6）一些直接接触人体的电气设备，需要装设漏电保护器。

（7）游泳池、喷水池、浴池的水中照明设备，需要装设漏电保护器。

（8）安装在水中的供电线路与设备，需要装设漏电保护器 。

（9）安装在潮湿、强腐蚀性等恶劣场所的电气设备，需要装设漏电保护器。

现代家居用电，一般根据照明回路、电源插座、空调回路等分开设计布线，这样当其中一个回路出现故障时，不会影响其他回路的正常工作。另外，插座回路需要暗装漏电保护器，防止家用电器漏电造成人身电击事故。

回路的分开设计布线，其实就是对断路器的设计选择（以下选择仅供参考，每户的实际用电器功率不一样，具体选择要根据功率计算设计为准）：

（1）住户配电箱总开关断路器，一般设计选择能够同时断开相线（火线）、中性线（零线）的32~63A小型断路器，带不带漏电功能均可以。

（2）照明回路，一般设计选择10~16A的小型断路器。

（3）插座回路，一般设计选择16~20A的漏电保护断路器。

（4）空调回路的设计选择

1~1.2匹的空调回路，一般设计选择16~20A的小型断路器。

1.5~3匹的空调回路，一般设计选择20~32A的小型断路器。

3~5匹的柜机，一般设计选择32~40A的小型断路器。

5~10匹的中央空调，一般设计选择独立的63~100A的小型断路器。

断路器、漏电开关使用过程中的基准温度，一般为+30℃。如果多个断路器、漏电开关同时装入密封的箱体内，则会使配电箱内的温度相应地升高。使用电流为$0.8I_n$，如果实际负载电流是32A，则需要选择40A的断路器或漏电开关。当环境温度发生改变时，其额定电流值也会做出相应的修正。断路器和漏电开关电流温度系数见表2-27。

表2-27 断路器和漏电开关电流温度系数

额定电流 /A	额定电流修正值 /A				
	0℃	10℃	20℃	30℃	40℃
1	1.15	1.10	1.05	1	0.94
2	2.43	2.26	2.18	2	1.93
3	3.57	3.37	3.18	3	2.82
4	4.75	4.56	4.33	4	3.98

（续）

额定电流 /A	额定电流修正值 /A				
	0℃	10℃	20℃	30℃	40℃
5	5.83	5.77	5.42	5	4.85
6	6.96	6.62	6.3	6	5.64
8	9.75	8.51	7.98	8	7.1
10	12.25	11.45	10.7	10	9.3
13	15.83	14.22	13.75	13	12.1
16	19.06	17.98	16.96	16	15.04
20	23.82	22.47	21.2	20	18.8
25	29.78	28.09	26.5	25	23.25
32	38.12	35.96	33.92	32	30.08
40	49	45.8	42.8	40	36.8
50	63	58.32	54	50	46
63	77.18	72.13	67.41	63	58.59

注：1. 上表就是参考额定电流温度修正系数表，只需要对应断路器、漏电开关上的相应的电流找到在工作温度下的修正系数即可。

2. 电气开关选用的原则为“能大不能小”，即一般而言只需要选择比当前使用大一个规格的即可。

断路器、漏电开关不同的电流，设计配电线的规格见表 2-28。

表 2-28 断路器、漏电开关不同的电流，设计配电线的规格

额定电流值 /A	1~6	8~13	16, 20	25	32	40, 50	63
使用电线规格	BV1mm^2	BV1.5mm^2	BV2.5mm^2	BV4mm^2	BV6mm^2	BV10mm^2	BV16mm^2
接线扭紧力矩 /（N·m）	电源端与负载端均为 2.0						

一些小型断路器的选择方法如下：

（1）NDM1-63、NDM1-125、NDB1-32、NDB1C-63、NDB1C-32、NDB2-63、NDB2T-63 系列小型断路器可以适用于 50Hz/60Hz、额定工作电压为 400V、额定工作电流为 125A 的电路中作线路、设备的过载、短路保护，或者隔离开关使用。该类断路器可以应用于建筑的配电保护。

（2）NDB2Z-63 系列小型断路器可以适用于直流电流，额定电压为 440V，额定电流为 63A 的电路中作线路、设备的过载、短路保护，或者隔离开关用。

（3）2P40A 可以适用于住宅建筑房屋带漏电总开关。

（4）DPN16A 可以适用于住宅建筑房屋照明回路、建筑房屋插座回路。

（5）DPN20A 可以适用于住宅建筑房屋厨房间回路、建筑房屋卫生间回路、建筑房屋房间空调回路、建筑房屋厅挂壁空调回路（柜式空调回路建议选择用25A的）。

断路器设计应用需要注意的一些事项如下：

（1）线路接触不良，因此，需要在设计时，要求安装良好。

（2）信号受干扰，因此，需要在设计时，了解输入电源的允许偏差。

（3）开关或电气元器件散热不好，因此，注意安装场所的要求。

2.17 防雷保护器的设计选择

防雷保护器，又叫作防雷器。其实，防雷保护器属于一种浪涌保护器。浪涌保护器是一种为各种电子设备、仪器仪表、通信线路提供安全防护的电子装置。当电气回路、通信线路中因外界的干扰突然产生尖峰电流，或者尖峰电压时，浪涌保护器能够在极短的时间内导通分流，从而避免浪涌对回路中其他设备的损害。

有一种浪涌保护器，适用于交流50/60Hz，额定电压220/380V的供电系统中，对间接雷电、直接雷电影响或其他瞬时过电压的电涌进行保护，可以适用于家庭住宅、第三产业、工业领域电涌保护的要求。

tips：浪涌保护器与避雷器的区别：

（1）避雷器由于接于电气一次系统上，要有足够的外绝缘性能，外观尺寸比较大。浪涌保护器由于接于低压，尺寸制作得可以很小。

（2）避雷器是保护电气设备的。浪涌保护器大多是为保护电子仪器或仪表的。

（3）避雷器有多个电压等级，从0.38kV低压到500kV特高压均有。浪涌保护器一般只有低压产品。

（4）避雷器多安装在一次系统上，防止雷电波的直接侵入。浪涌保护器大多安装在二次系统上，是在避雷器消除了雷电波的直接侵入后，或避雷器没有将雷电波消除干净时的补充措施。

某款4P防雷保护器的尺寸如图2-14所示。

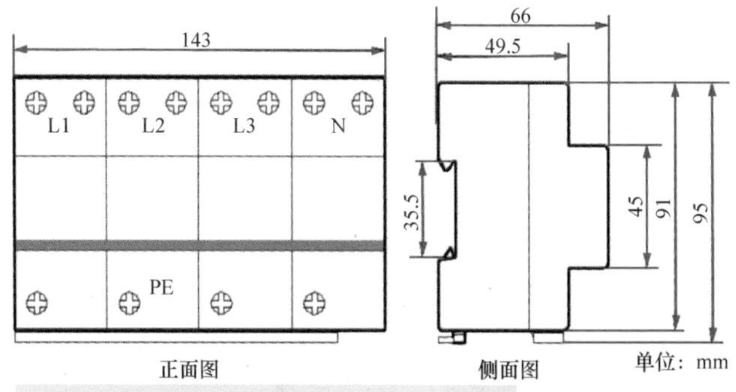

图2-14 某款4P防雷保护器的尺寸

防雷保护器的设计接线如图 2-15 所示。

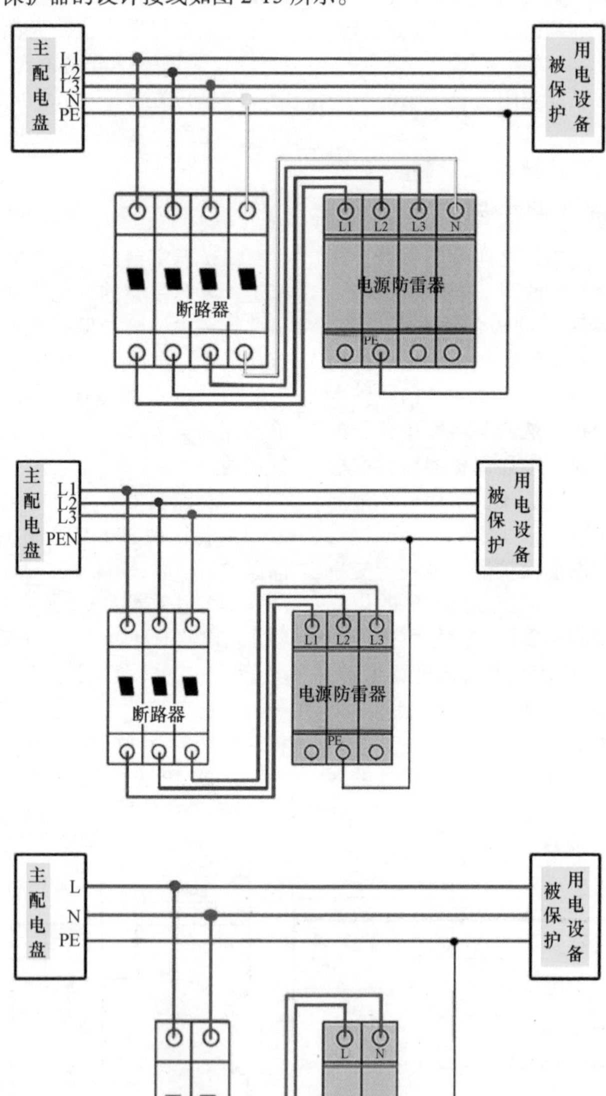

图 2-15　防雷保护器的设计接线

防雷保护器的最大持续运行电压 U_c 的要求如图 2-16 所示。

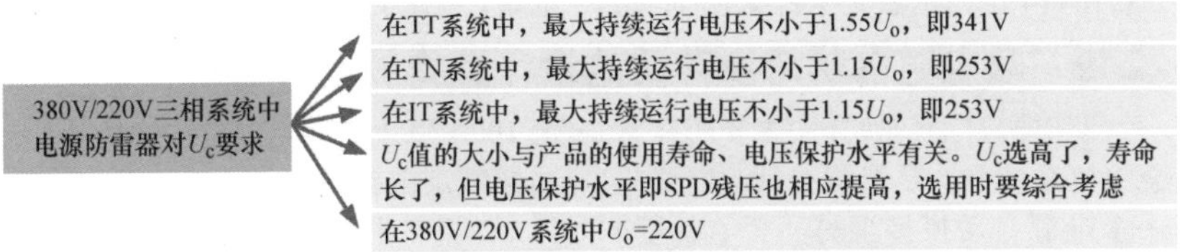

380V/220V三相系统中电源防雷器对U_c要求
在TT系统中，最大持续运行电压不小于1.55U_0，即341V
在TN系统中，最大持续运行电压不小于1.15U_0，即253V
在IT系统中，最大持续运行电压不小于1.15U_0，即253V
U_c值的大小与产品的使用寿命、电压保护水平有关。U_c选高了，寿命长了，但电压保护水平即SPD残压也相应提高，选用时要综合考虑
在380V/220V系统中U_0=220V

图 2-16　防雷保护器的最大持续运行电压的要求

防雷保护器应用设计时，一些注意事项如下：

（1）当电压开关型电源防雷器到限压型电源防雷器之间的线路长度小于 10m、限压型电源防雷器之间的线路长度小于 5m 时，则在两级电源防雷器之间应设计加装退耦装置。当电源防雷器具有能量自励配合功能时，电源防雷器之间的线路长度不受限制。

（2）开关柜总等电位连接端子，应设计靠近电源防雷器安装位置，以确保电源防雷器安装连接线总长度不超过 50cm。

（3）电源防雷器连接线需要设计成短而直，以降低连接线上的电感、接地电阻，减小电感产生的压降，从而使电涌保护器安全工作。

（4）电源防雷器连接线的总长度，必须设计控制在 50cm 内。

2.18　暗装式配电箱（箱体）的设计选择

一些暗装式配电箱（箱体）的尺寸选择如图 2-17 所示。

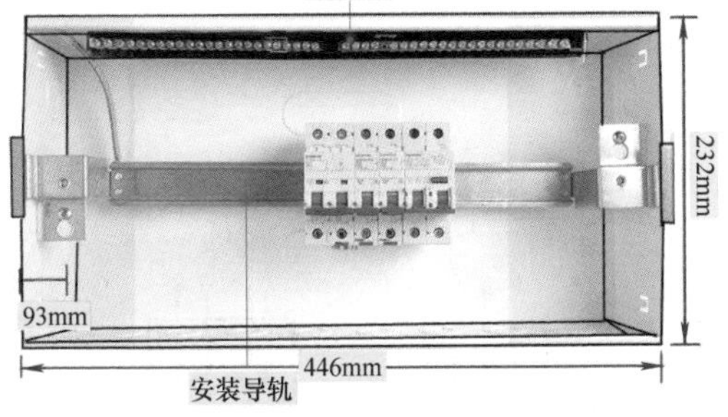

接线排
232mm
93mm
446mm
安装导轨
暗箱尺寸：446mm×232mm×93mm
面板大小：496mm×245mm
使用位数：20位
暗箱尺寸：374mm×232mm×93mm
面板大小：397mm×245mm
使用位数：16位
暗箱尺寸：302mm×232mm×100mm
面板大小：325mm×245mm
使用位数：12位

图 2-17　一些暗装式配电箱（箱体）的尺寸选择

tips：如果根据 446–93–93=260；260/18=14 位，也就是全部采用 1P 的 18mm 宽的断路器，则上述暗装式配电箱(箱体)只能够安装 14 位断路器。

2.19 双电源自动切换开关的设计选择

双电源自动切换开关主要用在紧急供电系统中，是能够将负载电路从一个电源自动换接至另一个(备用)电源的一种开关电器。

德力西双电源自动切换开关分为 PC 级、CB 级，该两种双电源切换开关型号是不同的：CDQ3S 属于 PC 级，CDQ3R 和 CDQ3 均属于 CB 级。CB 级与 PC 级的区别如下：

(1)**结构区别**——德力西 PC 级双电源切换开关是采用一体式转换结构，电磁驱动，一般切换时间为 100~200ms，有专门设计的灭弧室，具有耐短时电流。德力西 CB 级双电源切换开关是以两台断路器或塑壳断路器为基础，结合电动机、机械连锁机构组成，由控制器控制带有机械连锁的电动传动机构来实现 2 路电源的自动切换，一般切换时间为 1~2s。

(2)**尺寸区别**——德力西额定电流 100A 以上的双电源自动切换开关，同样额定电流规格的 PC 级双电源要比 CB 级双电源体积小一半。德力西双电源自动切换开关尺寸区别如图 2-18 所示。

CDQ3-200/4P外形尺寸 →	470mm×210mm×170mm
CDQ3S-200/4P外形尺寸 →	405mm×205mm×170mm

图 2-18 德力西双电源自动切换开关尺寸区别

(3)**功能区别**——CB 级双电源自动切换开关，是由 2 只塑壳断路器组成，因此，当线路发生短路时，CB 级双电源切换开关具有短路保护功能。PC 级双电源是由隔离开关组成，不具有短路保护功能。

(4)**价格区别**——德力西 CB 级双电源切换开关相对 PC 级价格便宜一些。

(5)双电源切换开关接线的区别如图 2-19 所示。

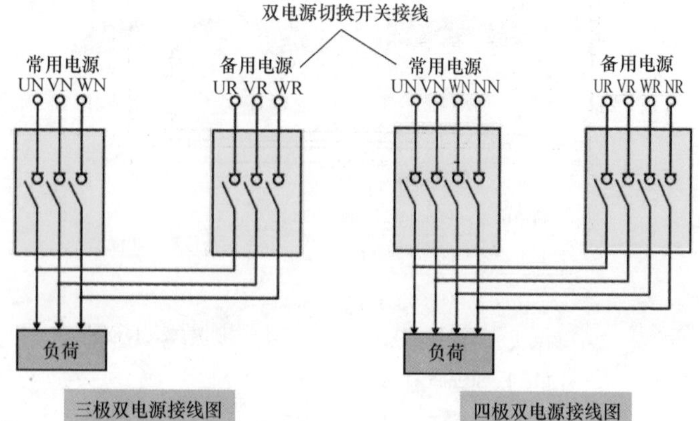

图 2-19 双电源切换开关接线的区别

CB 级与 PC 级双电源切换开关接线并没有什么很大的差异。CB 级是由 2 只断路器组成，因此，把线路接在左右 2 只断路器上即可。PC 级没有断路器，是由 2 组合金触头组成，因此，一般线路接在上下 2 组触头上即可。

德力西 CDQ3 系列双电源切换开关接线端子说明见表 2-29。

tips：PC 级是隔离型的，就像双投刀开关，加上操作机构构成的。CB 级是断路器保护型的，有过载短路保护功能，与断路器保护是一样的。

表 2-29　德力西 CDQ3 系列双电源切换开关接线端子说明

端子	说明
COM	发电机公共触头端
NA	常用合闸信号输出端
NC	发电机常闭触头端
N-FUN	常用电源熔断器端
NN	常用电源零线端
NO	发电机常开触头端
RA	备用合闸信号输出端
R-FUN	备用电源熔断器端
RN	备用电源零线端
消防 -	24V 消防信号负极端
消防 +	24V 消防信号正极端

2.20 稳压器的设计选择

由于，有的家庭的电压不是很稳定，需要设计购买一台稳压器来使用。设计选择稳压器的一些要点如下：

（1）首先，需要确定用电设备的类型，一般情况下负载都不是纯电阻的。因此，实际选型时，需要根据用电设备的额定功率、功率因数、负载类型等具体情况来选择稳压电源。另外，根据输出功率需要留有适当余量来考虑，特别是冲击性负载选型时余量更需要选择大一些的。

（2）白炽灯、电阻丝、电磁炉等纯阻性负载，稳压器功率一般设计选择为负载设备功率的 1.5~2 倍。

（3）荧光灯具、风机、电动机、水泵、空调、电冰箱等感性、容性负载，稳压器功率一般设计选择为负载设备功率的 3 倍。

（4）大电感性、电容性负载环境下，选型时需要考虑负载的起动电流特别大（可以达额定电流的 5~8 倍）。选择稳压器功率时，一般设计选择负载功率的 3 倍以上。

[举例]　白炽灯是 100W，则稳压器设计选择功率为 150W 的稳压器。

电动机是 1000W，则稳压器设计选择功率为 3000W 的稳压器。

2.21 选择自备电源的方法

选择自备电源的一些方法与要求如下：

（1）建筑高度为 100m ，或者 35 层及以上的住宅建筑，需要设柴油发电机组。

（2）设置柴油发电机组时，需要满足噪声、排放标准等环保要求。

（3）应急电源装置（EPS），可以作为住宅建筑应急照明系统的备用电源。另外，应急照明连续供电时间需要满足国家现行有关防火标准的要求。

（4）应急电源装置（EPS），不宜作为消防水泵、消防电梯、消防风机等电动机类负载的应急电源。

2.22 配变电站变压器的选择

选择配变电站变压器的一些方法与要求如下：

（1）设置在民用建筑中的变压器，当单台变压器油量为 100kg 及以上时，需要设置单独的变压器室。

（2）配变电站中单台变压器容量不宜大于 1600kV·A，预装式变电站中单台变压器容量不宜大于 800kV·A。供电半径一般为 200~250m。

（3）住宅建筑，需要选用节能型变压器。变压器的接线需要采用 D，yn11，变压器的负载率不宜大于 85%。

（4）设置在住宅建筑内的变压器，需要选择干式、气体绝缘、非可燃性液体绝缘的变压器。

（5）变压器低压侧电压为 0.4kV 时，配变电站中单台变压器容量不宜大于 1600kV·A，预装式变电站中单台变压器容量不宜大于 800kV·A。

（6）住宅建筑的变压器考虑其供电可靠、季节性负荷率变化大、维修方便等因素，宜推荐采用两台变压器同时工作的方案。

2.23 绿色家电的选择

家用电器的分类如图 2-20 所示。

厨房家电：燃气灶 抽油烟机 洗碗机 集成灶 饮水机 酸奶机 电饼铛 消毒柜 电烤箱 咖啡机 电磁炉 微波炉 榨汁机 电饭煲 豆浆机

卫浴家电：足浴盆 浴霸 太阳能热水器 燃气热水器 电热水器

电视影音：液晶电视 3D电视 LED电视 家庭影院

白色家电：空调 冰箱 洗衣机

环境家电：空气净化器 加湿器 吸尘器 电暖器 扫地机 电风扇

个人护理：剃须刀 血糖仪 电吹风 电动牙刷 血压计 按摩椅

图 2-20 家用电器的分类

相对于传统家电，绿色家电有许多明显的优势，例如降低污染、节约能耗、对人们生活更加健康等。相比之下，传统家电的能耗大、噪声高、对环境破坏较大。因此，选择家电，尽量选择绿色家电。绿色家电的选择要点见表 2-30。

表 2-30 绿色家电的选择要点

名称	解说
洗衣机	系指能否杀菌消毒、漂洗彻底；可加热洗涤的滚筒洗衣机，虽有加热消毒功效，但是并非所有衣料都能耐高温，以及耗电大；臭氧杀菌洗衣机，易造成衣物的褪色，释放的臭氧会污染环境
空调	空调目前获认证的主要为节能、低噪声型，负离子空调效果有限，易造成室内静电污染
彩电	彩电目前仅指是否达到低辐射，所谓的“环保彩电”以及多媒体、镜面、高清、全数字等品种，如果做不到低辐射，其对人体健康的影响则和普通彩电几乎没有差别

（续）

名　称	解　说
电脑	计算机质材涉及700多种化学原料，其中50%含对人体有害物质，机箱主体、显示器还会发出有害健康的电磁波，目前获得"绿色"认证的仅为"节能型"品种
冰箱	"无菌冰箱"的测定标准至今莫衷一是，实在难找出比普通冰箱的优越性，"绿色"认证仍以节能、低噪声为主

一些家电的细分如图2-21所示。

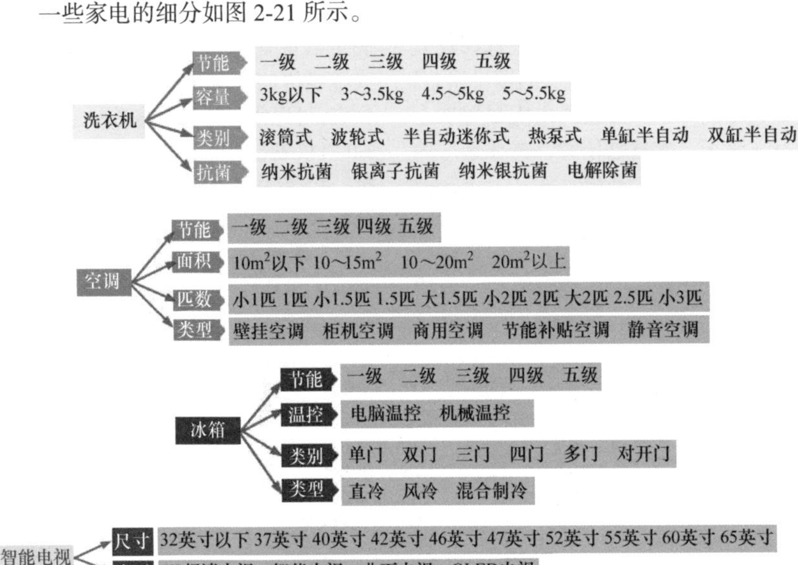

图2-21　一些家电的细分

2.24 电流表、电压表的设计选择

电流表、电压表的设计选择，主要是在一些公装设计中需要考虑。电流表是指用来测量交、直流电路中电流的仪表。电路图中，电流表的符号为"Ⓐ"，电流值以"安"或"A"为标准单位。电压表是测量电压的一种仪器。常见的电压表结构为：在灵敏电流计里面有一个永磁体，在电流计的两个接线柱间串联一个由导线构成的线圈，线圈放置在永磁体的磁场中，并通过传动装置与表的指针相连。常用电压表符号为"Ⓥ"。

电流表、电压表的测量机构基本相同，但在测量线路中的连接有所不同。选择、使用电流表、电压表时的一些注意点如下：

（1）类型的选择——当被测量是直流时，需要选择直流表，也就是磁电系测量机构的仪表。当被测量是交流时，需要注意其波形与频率。如果为正弦波，只需测出有效值即可换算为其他值，采用任意一种交流表即可。

如果为非正弦波，则需要区分需测量的是什么值，有效值可选用磁系或铁磁电动系测量机构的仪表，平均值则选用整流系测量机构的仪表。电动系测量机构的仪表常用于交流电流、电压的精密测量。

（2）内阻的选择——选择仪表时，需要根据被测阻抗的大小来选择仪表的内阻，否则会带来较大的测量误差。测量电流时，需要选择内阻尽可能小的电流表。测量电压时，需要选用内阻尽可能大的电压表。

（3）量程的选择——要充分发挥仪表准确度的作用，需要根据被测量的大小，合理选用仪表量限。一般使仪表对被测量的指示大于仪表最大量程的 1/2~2/3，而不能超过其最大量程。

（4）准确度的选择——因仪表的准确度越高，价格越贵。而且，如果其他条件配合不当，再高准确度等级的仪表，也未必能得到准确的测量结果。因此，选择准确度较低的仪表可满足测量要求的情况下，就不要选用高准确度的仪表。通常 0.1 级、0.2 级仪表，可以作为标准表来选择。0.5 级、1.0 级仪表，可以作为实验室测量来选择。1.5 级以下的仪表，一般作为工程测量来选择。

[举例 1] 42L6-A/V 型指针式电流电压表特性、接线如图 2-22 所示。

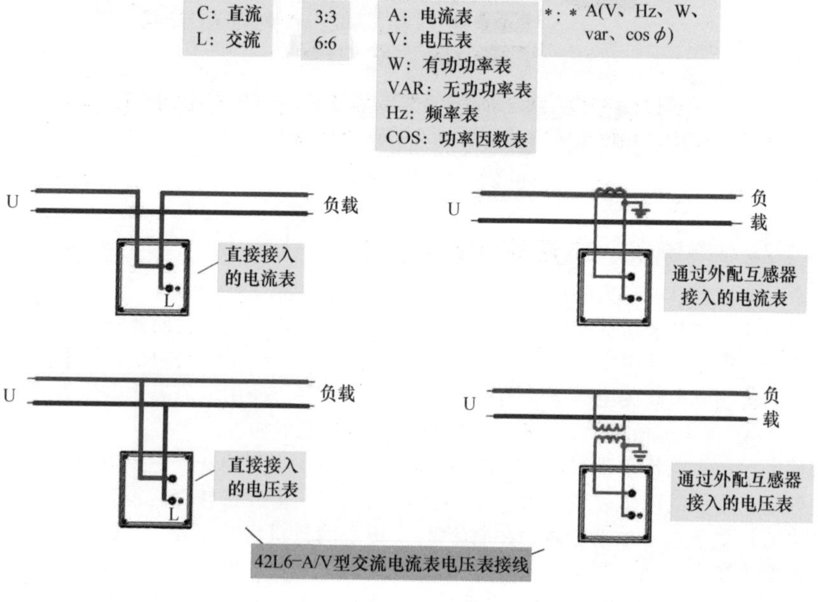

图 2-22　42L6-A/V 型指针式电流电压表特性、接线

[举例2] 6L2-A/V型指针式电流电压表特性、接线如图2-23所示。

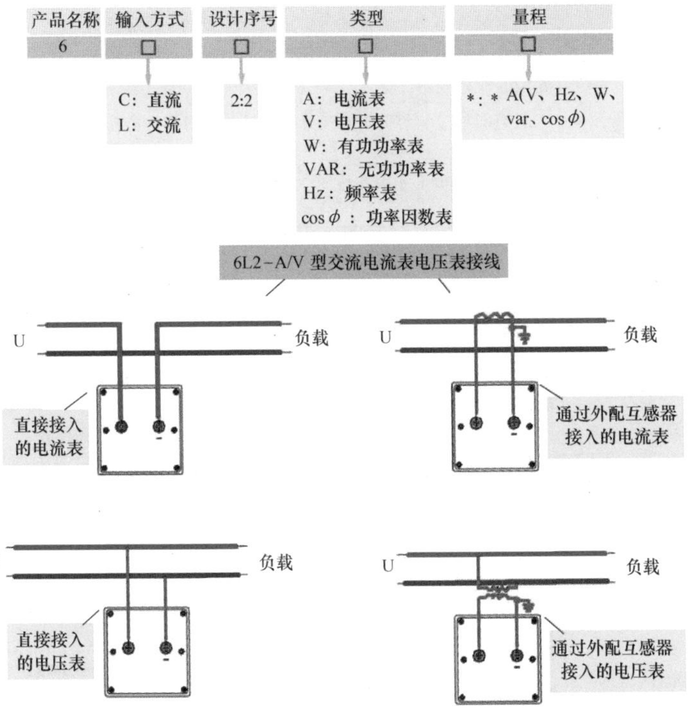

图2-23　6L2-A/V型指针式电流电压表特性、接线

2.25 灯具的设计选择

灯具是指能够透光、分配、改变光源光分布的一种器具。灯具包括除光源外所有用于固定、保护光源所需的全部零部件，以及与电源连接所必需的线路附件。

一些类型灯具的特点见表2-31。

表2-31　一些类型灯具的特点

名　称	解　说
半间接型灯具	能够向灯具下部发射10%~40%直接光通量的一种灯具
半截光型灯具	最大光强方向在0°~75°，其90°和80°角度方向上的光强最大允许值分别为50cd/100lm和100cd/1000lm的一种灯具
半直接型灯具	能够向灯具下部发射60%~90%直接光通量的一种灯具
壁灯	直接固定在墙上或柱子上的一种灯具
尘密型灯具	无尘埃进入的一种灯具

（续）

名称	解说
出口标志灯	直接装在出口上方或附近指示出口位置的一种标志灯
道路照明灯具	常规道路照明所采用的一种灯具，根据其配光，可以分成截光型、半截光型、非截光型灯具
对称配光型	具有对称（非对称）光强分布的灯具，对称性由相对一个轴或一个平面确定
泛光灯	光束发散角（光束宽度）大于 10° 的投光灯，通常可转动并指向任意方向
防爆灯具	用于爆炸危险场所，具有符合防爆使用规则的防爆外罩的一种灯具
防尘灯具	不能完全防止灰尘进入，但是进入量不妨碍设备正常使用的一种灯具
防护型灯具	有专门防护构造外壳、以防止尘埃、水气、水进入灯罩内的一种灯具，表示防护等级的代号通常由特征字母 IP 和两个特征数字组成
防水灯具	在构造上具有防止水浸入功能的一种灯具，例如防滴水、防溅水、防喷水、防雨水等
非截光型灯具	其在 90° 角方向上的光强最大允许值为 1000cd 的一种灯具
隔爆型灯具	能够承受灯具内部爆炸性气体混合物的爆炸压力，并且能够阻止内部的爆炸向灯具外罩周围爆炸性混合物传播的一种灯具
广照型灯具	是在比较大的立体角内分布的一种灯具
间接型灯具	能够向灯具下部发射 10% 以下的直接光通量的一种灯具
截光型灯具	最大光强方向在 0°~65°，其 90° 和 80° 角度方向上的光强最大允许值分别为 10cd/1000lm 和 30cd/1000lm 的一种灯具
聚光灯，射灯	通常具有直径小于 0.2m 的出光口并形成一般不大于 0.34rad（20°）发散角的集中光束的一种投光灯
可调试灯具	利用适当装置使灯具的主要部件可转动或移动的一种灯具
可移动灯具	在接上电源后，可轻易地由一处移至另一处的一种灯具
落地灯	装在高支柱上并立于地面上的一种可移动灯具
漫射型灯具	能够向灯具下部发射 40%~60% 光通量的一种灯具
普通灯具	无特殊的防尘或防潮等要求的一种灯具
嵌入式灯具	安全或部分地嵌入安装表面内的一种灯具
深照型灯具	使光在较小立体角内分布的一种灯具
升降悬吊式灯具	利用滑轮、平衡锤等可以调节吊高的一种悬吊式灯具
手提灯	带手柄的并用软线连接电源的一种便携式灯具
疏散标志灯	灯罩上有疏散标志的一种应急照明灯具，包括出口标志灯或指向标志灯
水密型灯具	一定条件下能防止水进入的一种灯具
水下灯具	一定压力下能在水中长期使用的一种灯具
台灯	放在桌子上或其他连接电源的一种便携式灯具
探照灯	通常具有直径大于 0.2m 的出光口并产生近似平行光束的高光强投光灯
投光灯	利用反射器和折射器在限定的立体角内获得高光强的一种灯具

（续）

名称	解说
吸顶灯具	直接安装在顶棚表面上的一种灯具
下射式灯具	通常安装在顶棚内使光集中于小光束角内的一种灯具
悬吊式灯具	用吊绳、吊链、吊管等悬吊在顶棚上或墙支架上的一种灯具
应急灯	应急照明用的灯具的总称
增安型灯具	在正常运行条件下，不能够产生火花或可能点燃爆炸性混合物的高温的灯具结构上，采取措施提高安全度，以避免在正常条件下或认可的不正常的条件出现上述现象的一种灯具
直接型灯具	能够向灯具下部发射 90%~100% 直接光通量的一种灯具
指向标志灯	装在疏散通道上指示出口方向的一种标志灯
中照型灯具	使光在中等立体角内分布的一种灯具

一些灯具的特点与选择见表 2-32。

表 2-32　一些灯具的特点与选择

名称	特点	选择
壁灯	壁灯，可以设计应用于卧室、卫生间照明，常用的有双头玉兰壁灯、双头橄榄壁灯、双头鼓形壁灯、双头花边杯壁灯、玉柱壁灯、镜前壁灯等;壁灯的安装高度，其灯泡应设计离地面不小于 1.8m	选壁灯主要看结构、造型，一般机械成型的较便宜，铁艺锻打壁灯、全铜壁灯等都属于中高档壁灯，另外，还有一种带灯带画的数码万年历壁挂灯，该种壁挂灯有照明、装饰作用，又能够作日历
吊灯	吊灯适合于客厅；吊灯的花样多，常用的有欧式烛台吊灯、中式吊灯、水晶吊灯、时尚吊灯、锥形罩花灯、尖扁罩花灯、束腰罩花灯、五叉圆球吊灯、玉兰罩花灯、橄榄吊灯等；用于居室的分单头吊灯、多头吊灯，前者多用于卧室、餐厅，后者一般设计安装在客厅里；吊灯的安装高度，其最低点一般设计离地面不小于 2.2m	最好设计选择可以安装节能灯光源的吊灯，不要设计选择有电镀层的吊灯，以免电镀层时间长了易掉色，应选择全金属、玻璃等材质内外一致的吊灯 复式住宅，可以设计选择豪华吊灯 一般住宅，可以设计选择简洁式的低压花灯 最好设计选择带分控开关的吊灯，这样以使局部点亮
节能灯	节能灯的亮度、寿命比一般的白炽灯优越，节能灯有 U 形、螺旋形、花瓣形等种类，功率从 3~4W；不同型号、不同规格、不同产地的节能灯价格相差很大；筒灯、吊灯、吸顶灯等灯具中一般都能安装节能灯；节能灯一般不适合在高温、高湿环境下使用，浴室、厨房应尽量避免使用节能灯	选择节能灯，首选知名品牌，确认包装完整，标志齐全，正确安装位置等；节能灯分卤粉、三基色粉等种类，其中，三基色粉比卤粉的综合性能优越

（续）

名称	特　点	选　择
落地灯	落地灯常用作局部照明，并且强调移动的便利，对于角落气氛的营造十分实用；落地灯的采光方式，如果是直接向下投射，可以设计应用于阅读等需要精神集中的活动；如果是间接照明，可以设计应用于调整整体的光线变化	落地灯，一般设计放在沙发拐角处；落地灯的灯光柔和，晚上看电视时，效果很好；落地灯的灯罩材质多，可以根据喜好来选择
射灯	射灯，可以设计安置在吊顶四周或家具上部，也可设计置于墙内、墙裙、踢脚线里；使光线直接照射在需要强调的家什器物上，以突出主观审美	射灯可以分为低压射灯、高压射灯，一般最好选择低压射灯，光效高一些；射灯的光效高低以功率因数体现，功率因数越人光效越高，普通射灯的功率因数在 0.5 左右，优质射灯的功率因数能达到 0.99
台灯	根据材质，台灯可以分为陶瓷灯、木灯、铁艺灯、铜灯、树脂灯、水晶灯等；根据功能，台灯可以分为护眼台灯、装饰台灯、工作台灯等；根据光源，台灯可以分为灯泡、插拔灯管、灯珠台灯等	选择台灯主要看电子配件质量、制作工艺；一般客厅、卧室等，可以设计应用装饰台灯；工作台、学习台，可以设计应用节能护眼台灯，但是节能灯不能够调光
筒灯	筒灯，一般设计装设在卧室、客厅、卫生间的周边天棚上；筒灯不占据空间，可增加空间的柔和气氛	需要选择通过 3C 认证的筒灯
吸顶灯	吸顶灯常用的有方罩吸顶灯、圆球吸顶灯、尖扁圆吸顶灯、半圆球吸顶灯、半扁球吸顶灯、小长方罩吸顶灯等；吸顶灯适合设计应用于客厅、卧室、厨房、卫生间等处照明 吸顶灯可以设计直接装在天花板上	吸顶灯内一般有镇流器、环形灯管，镇流器有电感镇流器、电子镇流器两种，与电感镇流器相比，电子镇流器能提高灯和系统的光效；吸顶灯的环形灯管有卤粉、三基色粉的，三基色粉灯管显色性好、发光度高，卤粉灯管显色性差、发光度低 吸顶灯有带遥控、不带遥控的，带遥控的吸顶灯开关方便，可以设计用于卧室中；吸顶灯的灯罩材质一般是塑料、有机玻璃的，玻璃灯罩较少
浴霸	根据取暖方式，浴霸可以分为灯泡红外线取暖浴霸、暖风机取暖浴霸，市场上主要是灯泡红外线取暖浴霸；根据功能，可以分为三合一浴霸、二合一浴霸，其中，三合一浴霸有照明、取暖、排风功能，二合一浴霸只有照明、取暖功能；根据安装方式，可以分为暗装浴霸、明装浴霸、壁挂式浴霸；正规厂家出的浴霸一般要通过“标准全检”的“冷热交变性能试验”，在 4℃冰水下喷淋，经受瞬间冷热考验，再采用暖灯泡防爆玻璃，以确保沐浴中的绝对安全	浴霸取暖是只要光线照到的地方就暖和，与房间大小关系不大，主要取决于浴霸的皮感温度；标准浴霸灯泡功率一般都是 275W 的，但低质灯泡的升温速度慢，且不能达到 275W 规定的温度

tips：判断区分卤粉、三基色粉灯管的方法——首先同时点亮两灯管，然后把双手放在两灯管附近，能够发现光下手色发白、失真的是卤粉灯管，发现光下手色是皮肤本色的为三基色粉灯管。

2.26 照明光源的设计选用

照明光源设计选用前，需要了解各种光电源的指标，具体见表 2-33。

表 2-33　各种光电源的指标

光源种类		额定功率范围 /W	光效 /（lm/W）	显色指数 /Ra	色温 /K	平均寿命 /h
热辐射光源	普通照明用白炽灯	10~1500	7.3~25	95~99	2400~2900	1000~2000
	卤钨灯	60~5000	14~30	95~99	2800~3300	1500~2000
气体放电光源	普通直管型荧光灯	4~200	60~70	60~72	全系列	6000~8000
	三基色荧光灯	28~32	93~104	80~98	全系列	12000~15000
	紧凑型荧光灯	5~55	44~87	80~85	全系列	5000~18000
	荧光高压汞灯	50~1000	32~55	35~40	3300~4300	5000~10000
	金属卤化物灯	35~3500	52~130	65~90	3000/4500/5600	5000~10000
	高压钠灯	35~1000	64~140	23/60/85	1950/2200/2500	12000~24000

照明设计时，选择光源的一些要求与特点如下：

（1）为了节约能源，室外照明，可设计采用金属卤化物灯、高压钠灯。

（2）商店营业厅，一般设计选用紧凑型荧光灯、35W 与 70W 小功率金属卤化物灯。

（3）室内公共、工业建筑的公共场所，可设计采用环形荧光灯、紧凑型荧光灯。特殊情况下，需设计采用白炽灯时，只能用 100W 以下的白炽灯。

（4）高度低于（≤ 4.5m）的房间，例如办公室、教室、会议室、仪表车间、电子生产车间等，一般设计选用细管径（≤ 26mm）直管型三基色 T8、T5 荧光灯，不设计选用粗管径（＞ 26mm）荧光灯与普通 T8 荧光灯。

（5）高度较高（＞ 4.5m）的工业厂房，一般设计采用金属卤化物灯、高压钠灯，也可设计采用大功率细管荧光灯。

2.27 镇流器的设计选用

镇流器设计选择的原则为安全、可靠、功耗低、能效高。国产 36W 荧光灯镇流器性能设计选用见表 2-34。

表 2-34 镇流器性能设计选用

名称	自身功耗	系统光效比	价格比较	重量比	寿命/年	可靠性	电磁干扰	灯光闪烁度	系统功率因数
普通电感镇流器	8~9W	1	低	1	15~20	较好	较小	有	0.4~0.6（无补偿时）
节能型电感镇流器	< 5.5W	1	中	1	15~20	好	较小	有	0.4~0.6（无补偿时）
电子镇流器	3~5W	1.2	较高	1.2	5~10	较好	在允许范围内	无	0.9 以上

照明设计选择镇流器的一些原则如下：

（1）紧凑型荧光灯等自镇流荧光灯，应设计配用电子镇流器。

（2）高压钠灯、金属卤化物灯，应设计配用节能型电感镇流器。功率较小者（≤ 150W），可设计配用电子镇流器。

（3）T5 直管型荧光灯（> 14W），应设计采用电子镇流器。

（4）T8 直管型荧光灯，应设计配用节能型电感镇流器或电子镇流器，不宜设计配用功耗大的传统电感镇流器。

第 3 章

会设计——计算不在话下

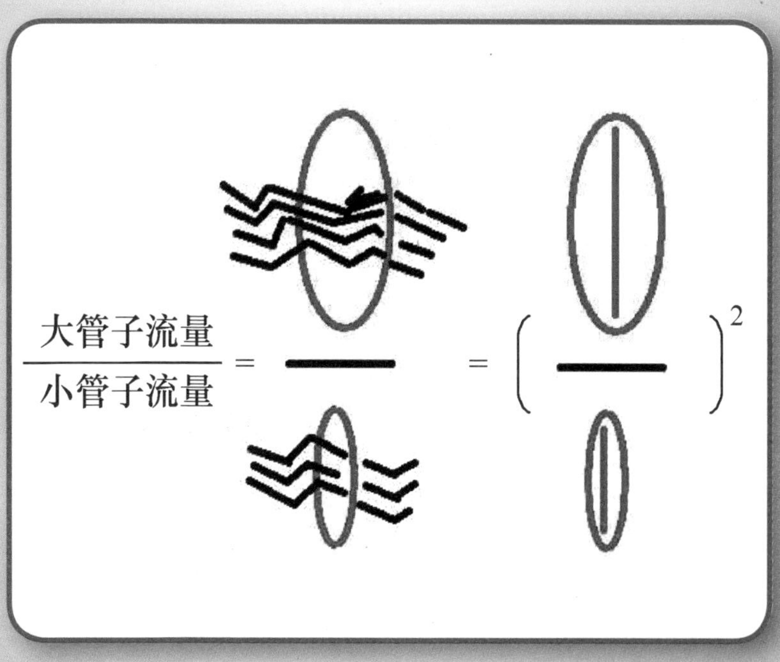

3.1 流量

水管流量的计算图例如图 3-1 所示。

流量也可以用重量来表示，$1m^3$ 的水大多是 1t。因此，水管的 $1m^3/h$ 的流量也就是 1t/h 的流量。

另外，水管在直径一定的情况下，如果水管里的流速变化，则流量也会随着变化。

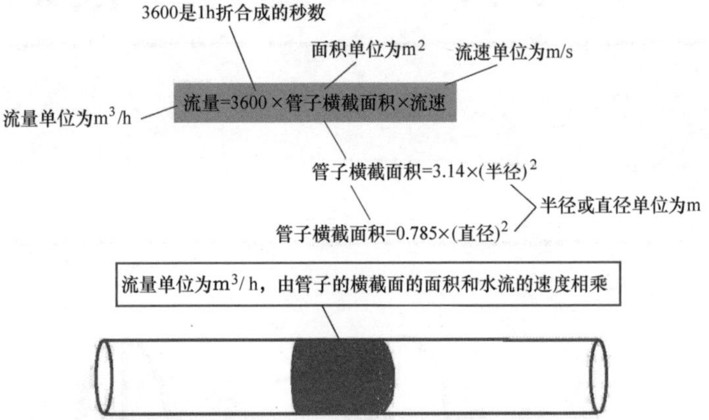

图 3-1　水管流量的计算图例

3.2 流速相等时不同管子的流量

在流速相等的条件下，大径管子的流量与小径管子的流量的关系如下：当两根管子流速相等时，两根管子的流量各自与其直径的二次方成正比，相关图例如图 3-2 所示。

$$大管子流量=\left(\frac{大管子直径}{小管子直径}\right)^2\times 小管子流量$$

$$小管子流量=\left(\frac{小管子直径}{大管子直径}\right)^2\times 大管子流量$$

$$\frac{大管子流量}{小管子流量}=\left(\frac{大管子直径}{小管子直径}\right)^2$$

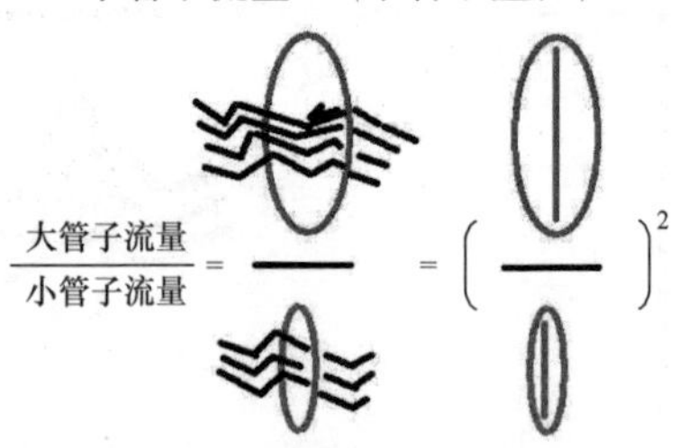

图 3-2　流速相等时不同管子的流量

3.3 给水系统所需压力的计算

水泵直接给水所需压力如下

$$H=H_1+H_2+H_3+H_4$$

式中 H ——建筑内给水系统所需总水压，单位为 kPa；

H_1——克服引入管起点至最不利配水点位置高度所需要的静水压，单位为 kPa；

H_2——计算管路的水头损失，单位为 kPa；

H_3——水表的水头损失，单位为 kPa；

H_4——最不利配水点所需流出水头，单位为 kPa。

水箱给水，需要校核水箱安装高度，具体计算如下：

$$Z_x \geqslant H_c + \sum h$$

式中 Z_x——高位水箱的最低液位与最不利配水点之间的垂直压力差，单位为 kPa；

$\sum h$——水箱出水口至最不利配水点的管道总水头损失，单位为 kPa；

H_c——最不利点流出水头，单位为 kPa。

水泵水箱联合给水——需要计算水泵扬程与校核水箱安装高度等。建筑内给水系统所需压力估算见表 3-1。

表 3-1　建筑内给水系统所需压力估算

层数	1	2	3	4	5
需水压 /kPa	100	120	160	200	240

［举例］　一装修工程 5 层 10 个分表（如图 3-3 所示），功能类似住宅。每个分表均具有低水箱坐式大便器 1 个、洗脸盆 1 个、浴盆 1 个，洗涤盆 1 个，管材为塑料给水管。引入管与室外给水连接点到配水最不利点的高度差为 17.1m。室外给水管网所能提供的最小压力为 270kPa。则计算出最大用水时卫生器具给水当量平均出流概率是多少？

解析：计算出最大用水时卫生器具给水当量平均出流概率：

由 $U_0=\dfrac{q_0 m K_h}{0.2 \cdot N_g \cdot T \cdot 3600} \times 100\%$ 得

$$U_0=\frac{280 \times 3.5 \times 2.4}{0.2 \times 3 \times 24 \times 3600} \times 100\%=4.5\%$$

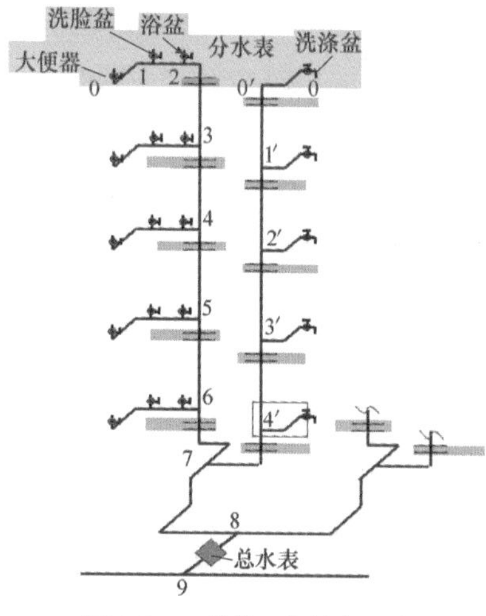

图 3-3　一装修工程给水系统

式中 U_0——生活给水管道的最大用水时卫生器具给水当量平均出流概率（%）；

q_0——最高用水日的用水定额，本题取 280L/（人 · d）；

m——用水人数，本题取 3.5 人；

K_h——小时变化系数，本题取 2.4；

N_g——设置的卫生器具的给水当量数，其中，本题厨房洗涤盆取 0.7，卫生间洗脸盆取 0.8，浴盆取 1.0，大便器冲洗水箱取 0.5，共计 3.0；

T——用水小时数；本题取 24h；

0.2——一个卫生器具给水当量的额定流量，单位为 L/s。

因此，最大用水时卫生器具给水当量平均出流概率为 4.5%。

3.4 电阻计算公式盘点

电阻计算公式盘点见表 3-2。

表 3-2 电阻计算公式盘点

名称	电阻计算公式
电阻基本公式	电阻的大小与导体的尺寸、导体的材料是密切相关的，计算公式如下 $R=\rho \frac{L}{S}$ 式中 L ——导电的导线长度，单位为 m； S ——导体的横截面积，单位为 mm^2； ρ ——导体的电阻率或者电阻系数，单位为 $\Omega \cdot mm^2/m$； R ——导体的电阻，单位为 Ω。 电阻的基本单位为欧姆（Ω），另外，还有千欧（kΩ）、兆欧（MΩ）。它们间的关系如下： 1MΩ=1000kΩ　　1kΩ=1000Ω
部分电路中的欧姆定律中的电阻计算公式	部分电路欧姆定律的公式如下 $R=\frac{U}{I}$ 式中 I ——电流，单位为 A； U ——电压，单位为 V； R ——电阻，单位为 Ω。 部分电路图例如图所示。 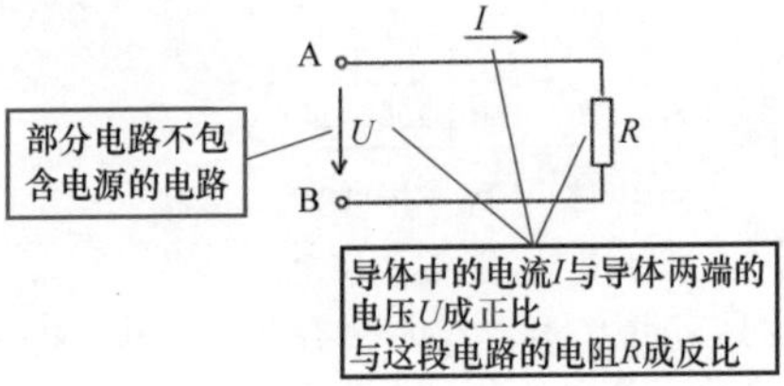 I A U R B 部分电路不包含电源的电路 导体中的电流I与导体两端的电压U成正比 与这段电路的电阻R成反比
闭合电路欧姆定律中的电阻计算公式	闭合电路欧姆定律的公式如下： $I=\frac{E}{r_0+R}$ 式中 E ——电源的电动势，单位为 V； I ——电路中的电流，单位为 A； R ——外部电路的总电阻，单位为 Ω； r_0 ——电源内部的电阻，单位为 Ω。 闭合电路图例如图所示 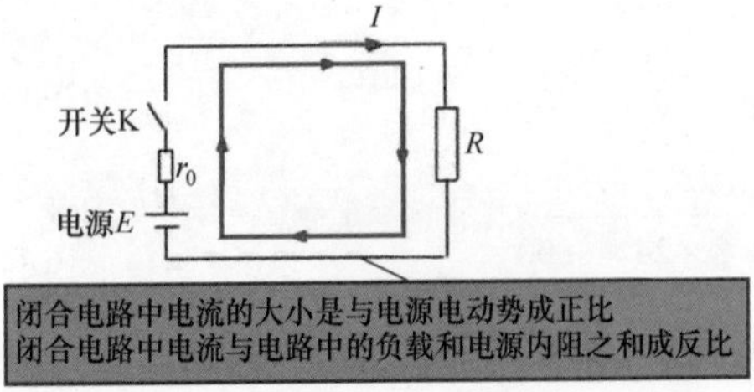 I 开关K r_0 R 电源E 闭合电路中电流的大小是与电源电动势成正比 闭合电路中电流与电路中的负载和电源内阻之和成反比

（续）

名称	电阻计算公式
串联电路的电阻计算公式	串联电路图例如图所示。 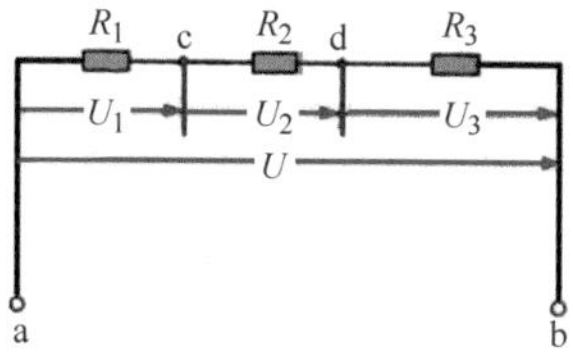 串联电路电阻之比为各段功率之比：$R_1:R_2:R_3=P_1:P_2:P_3$； 串联电路电阻之比为各段电压之比：$R_1:R_2:R_3=U_1:U_2:U_3$； 串联电路总电阻：$R_{总}=R_1+R_2+R_3+\cdots$
并联电路的电阻计算公式	并联电路图例如图所示。 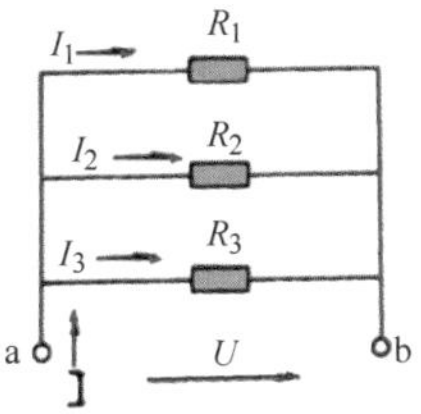 并联电路总电阻的倒数等于各支路电阻倒数之和，公式表示如下： $$\frac{U}{R}=\frac{U}{R_1}+\frac{U}{R_2}+\frac{U}{R_3}$$ $$\frac{1}{R}=\frac{1}{R_1}+\frac{1}{R_2}+\frac{1}{R_3}$$ 式中　R_1、R_2、R_3——各支路电阻； U——总电压。 两个电阻并联的电路，总电阻公式表示如下： $$\frac{1}{R}=\frac{1}{R_1}+\frac{1}{R_2}=\frac{R_1+R_2}{R_1R_2}$$ $$R=\frac{R_1R_2}{R_1+R_2}$$ 式中　R_1、R_2——各支路电阻； R——总电阻。 当 $R_1 \geqslant R_2$ 时，也就是两个阻值相差很悬殊的电阻并联后，其等值电阻更接近于小电阻值。 当 $R_1=R_2$ 时，也就是： $$R=R_1/2$$ 式中　R_1、R_2——各支路电阻； R——总电阻。 如果有 n 个阻值相同的电阻并联，其等值电阻值为（也就是说，并联电阻数越多，等值电阻越小）： $$R=R_1/n$$ 式中　R——总电阻； n——连接电阻的数量

3.5 电流计算公式盘点

电流计算公式盘点见表 3-3。

表 3-3 电流计算公式盘点

名 称	电流计算公式
欧姆定律	$I=U/R$ 式中 U——电压，单位为 V； R——电阻，单位为 Ω； I——电流，单位为 A
全电路欧姆定律	$I=E/(R+r)$ 式中 I——电流，单位为 A； E——电源电动势，单位为 V； r——电源内阻，单位为 Ω； R——负载电阻，单位为 Ω
并联电路总电流与分电流间的关系	并联电路总电流等于各个电阻上电流之和 $I=I_1+I_2+\cdots+I_n$ 式中 I——总电流； I_1、I_2、…、I_n——分电流
串联电路总电流与分电流间的关系	串联电路总电流与各电流相等 $I=I_1=I_2=I_3=\cdots=I_n$ 式中 I——总电流； I_1、I_2、…、I_n——分电流
由纯电阻负载的功率求电流	纯电阻负载的有功功率 $P=UI \rightarrow P=I^2R$，则 $I=\sqrt{P/R}$ 式中 U——电压，单位为 V； I——电流，单位为 A； P——有功功率，单位为 W； R——电阻，单位为 Ω
由纯电感负载的功率求电流	纯电感负载的无功功率 $Q=I^2X_L$，则 $I=\sqrt{Q/X_L}$ 式中 Q——无功功率，单位为 var； X_L——电感感抗，单位为 Ω； I——电流，单位为 A
由纯电容负载的功率求电流	纯电容负载的无功功率 $Q=I^2X_C$，则 $I=\sqrt{Q/X_C}$ 式中 Q——无功功率，单位为 var； X_C——电容容抗，单位为 Ω； I——电流，单位为 A
由电功（电能）求电流	电功（电能） $W=UIt$，则 $I=W/Ut$ 式中 W——电功，单位为 J； U——电压，单位为 V； I——电流，单位为 A； t——时间，单位为 s
交流电路电流瞬时值与最大值	交流电路电流瞬时值与最大值 $I=I_{max}\sin(\omega t+\Phi)$ 式中 I——电流瞬时值，单位为 A； I_{max}——最大电流，单位为 A； $(\omega t+\Phi)$——相位，其中 Φ 为初相

（续）

名　称	电流计算公式
交流电路电流最大值与有效值	交流电路电流最大值与有效值 $I_{max}=\sqrt{2}I$ 式中　I——电流有效值，单位为 A； I_{max}——最大电流，单位为 A
发电机绕组三角形联结的电流	发电机绕组三角形联结的电流 $I_{线}=\sqrt{3}I_{相}$ 式中　$I_{线}$——线电流，单位为 A； $I_{相}$——相电流，单位为 A
发电机绕组星形联结的电流	发电机绕组的星形联结的电流 $I_{线}=I_{相}$ 式中　$I_{线}$——线电流，单位为 A； $I_{相}$——相电流，单位为 A
由交流电的总功率求电流	由交流电的总功率求电流 $P=\sqrt{3}U_{线}I_{线}\cos\Phi$ 式中　P——总功率，单位为 W； $U_{线}$——线电压，单位为 V； $I_{线}$——线电流，单位为 A； Φ——初相角
变压器工作原理中的电流	变压器工作原理 $U_1/U_2=N_1/N_2=I_2/I_1$ 式中　U_1、U_2——一次、二次电压，单位为 V； N_1、N_2——一次、二次绕组匝数； I_2、I_1——二次、一次电流，单位为 A
电阻、电感串联电路中的电流	电阻、电感串联电路 $I=U/Z$，$Z=\sqrt{(R^2+X_L^2)}$ 式中　Z——总阻抗，单位为 Ω； I——电流，单位为 A； R——电阻，单位为 Ω； X_L——感抗，单位为 Ω
电阻、电感、电容串联电路中的电流	电阻、电感、电容串联电路中的电流 $I=U/Z$，$Z=\sqrt{[R^2+(X_L-X_C)^2]}$ 式中　Z——总阻抗，单位为 Ω； I——电流，单位为 A； R——电阻，单位为 Ω； X_L——感抗，单位为 Ω； X_C——容抗，单位为 Ω

3.6 电压计算公式盘点

电压计算公式盘点见表 3-4。

表 3-4　电压计算公式盘点

名　称	电压计算公式
欧姆定律	欧姆定律 $I=U/R$，则 $U=IR$ 式中 U——电压，单位为 V； R——电阻，单位为 Ω； I——电流，单位为 A
全电路欧姆定律	全电路欧姆定律 $I=E/(R+r)$，则 $E=I(R+r)$ 式中 I——电流，单位为 A； E——电源电动势，单位为 V； r——电源内阻，单位为 Ω； R——负载电阻，单位为 Ω
串联电路总电压与分电压	串联电路，总电压等于各个电阻上电压之和 $U=U_1+U_2+\cdots+U_n$ 式中 U——总电压，单位为 V； U_1、U_2、…、U_n——分电压，单位为 V
并联电路总电压与分电压	并联电路，总电压与各电压相等 $U=U_1=U_2=U_3=\cdots=U_n$ 式中 U——总电压，单位为 V； U_1、U_2、…、U_n——分电压，单位为 V
由纯电阻负载的功率求电压	纯电阻负载的有功功率 $P=UI \rightarrow P=U^2/R$，则 $U=\sqrt{PR}$ 式中 U——电压，单位为 V； I——电流，单位为 A； P——有功功率，单位为 W
由纯电感负载的功率求电压	纯电感负载的无功功率 $Q=U^2/X_L$，则 $U=\sqrt{QX_L}$ 式中 Q——无功功率，单位为 var； X_L——电感感抗，单位为 Ω
由纯电容负载的功率求电压	纯电容负载的无功功率 $Q=U^2/X_C$，则 $U=\sqrt{QX_C}$ 式中 Q——无功功率，单位为 var； X_C——电容容抗，单位为 Ω
由电功（电能）求电压	电功（电能）求电压 $W=UIt$，则 $U=W/It$ 式中 W——电功，单位为 J； U——电压，单位为 V； I——电流，单位为 A； t——时间，单位为 s
交流电路电压瞬时值与最大值的关系	交流电路电压瞬时值与最大值的关系 $U=U_{max}\sin(\omega t+\Phi)$ 式中 U——电压瞬时值，单位为 V； U_{max}——最大电压，单位为 V； $(\omega t+\Phi)$——相位，其中 Φ 为初相

（续）

名　　称	电压计算公式
交流电路电压最大值与有效值的关系	交流电路电压最大值与有效值的关系 $U_{max}=\sqrt{2}U$ 式中 U——电压有效值，单位为 V； U_{max}——最大电压，单位为 V
发电机绕组的星形联结电压关系	发电机绕组的星形联结 $U_{线}=\sqrt{3}U_{相}$ 式中 $U_{线}$——线电压，单位为 V； $U_{相}$——相电压，单位为 V
发电机绕组的三角形联结电压关系	发电机绕组的三角形联结 $U_{线}=U_{相}$ 式中 $U_{线}$——线电压，单位为 V； $U_{相}$——相电压，单位为 V
由交流电的总功率求电压	交流电的总功率 $P=\sqrt{3}U_{线}I_{线}\cos\Phi$，则 $U_{线}=P/(\sqrt{3}I_{线}\cos\Phi)$ 式中 P——总功率，单位为 W； $U_{线}$——线电压，单位为 V； $I_{线}$——线电流，单位为 A； Φ——初相角
变压器工作原理求电压	变压器工作原理 $U_1/U_2=N_1/N_2=I_2/I_1$ 式中 U_1、U_2——一次、二次电压，单位为 V； N_1、N_2——一次、二次绕组匝数； I_2、I_1——二次、一次电流，单位为 A
电阻、电感串联电路中的电压	电阻、电感串联电路中的电压 $U=\sqrt{(U_R^2+U_L^2)}$ 式中 U——电压，单位为 V； U_R——电阻电压，单位为 V； U_L——电感电压，单位为 V
电阻、电感、电容串联电路中的电压	电阻、电感、电容串联电路中的电压 $U=\sqrt{[U_R^2+(U_L-U_C)^2]}$ 式中 U——电压，单位为 V； U_R——电阻电压，单位为 V； U_L——电感电压，单位为 V； U_C——电容电压，单位为 V

3.7 三相、单相功率的计算

三相、单相功率计算公式见表 3-5。

表 3-5　三相、单相功率计算公式

<table>
<tr><th></th><th>项目</th><th colspan="2">公　式</th><th>单位</th><th>说　明</th></tr>
<tr><td rowspan="4">单相电路</td><td>有功功率</td><td colspan="2">$P=UI\cos\phi=S\sin\phi$</td><td>W</td><td rowspan="13">U_X——相电压，单位为 V；
I_X——相电流，单位为 A；
U_L——线电压，单位为 V；
I_L——线电流，单位为 A；
$\cos\phi$——每相的功率因数；
P_A、P_B、P_C——每相的有功功率；
Q_A、Q_B、Q_C——每相的无功功率</td></tr>
<tr><td>视在功率</td><td colspan="2">$S=UI$</td><td>VA</td></tr>
<tr><td>无功功率</td><td colspan="2">$Q=UI\sin\phi$</td><td>var</td></tr>
<tr><td>功率因数</td><td colspan="2">$\cos\phi=\frac{P}{S}=\frac{P}{UI}$</td><td></td></tr>
<tr><td rowspan="6">三相对称电路</td><td>有功功率</td><td colspan="2">$P=3U_XI_X\cos\phi=\sqrt{3}U_LI_L\cos\phi$</td><td>W</td></tr>
<tr><td>视在功率</td><td colspan="2">$S=3U_XI_X=\sqrt{3}U_LI_L$</td><td>VA</td></tr>
<tr><td>无功功率</td><td colspan="2">$Q=3U_XI_X\sin\phi=\sqrt{3}U_LI_L\sin\phi$</td><td>var</td></tr>
<tr><td>功率因数</td><td colspan="2">$\cos\phi=\frac{P}{S}$</td><td></td></tr>
<tr><td rowspan="2">线电压、线电流相电压、相电流换算</td><td>Y</td><td colspan="2">$U_L=\sqrt{3}U_X$　$I_L=I_X$</td></tr>
<tr><td>△</td><td colspan="2">$U_L=U_X$　$I_L=\sqrt{3}I_X$</td></tr>
<tr><td rowspan="2">三相不对称电路</td><td>有功功率</td><td colspan="3">$P=P_A+P_B+P_C$</td></tr>
<tr><td>无功功率</td><td colspan="3">$Q=Q_A+Q_B+Q_C$</td></tr>
</table>

3.8　磁感应强度（磁场强度）的计算

表示磁场强弱的物理量叫作磁感应强度（磁场密度），一般用大写字母 B 来表示。磁感应强度（磁场强度）定义为：在磁场中，垂直于磁场方向的通电导体受到的磁场作用与电流强度和导体长度乘积的比值，叫作通电直导线所在处的磁感应强度的大小。

磁感应强度（磁场强度）的计算公式如下：

$$B=\frac{F}{IL}$$

式中　F ——载流导线所受的电磁力，单位为 N；

I ——导线中通过的电流，单位为 A；

L ——与磁场方向垂直的导线长度，单位为 m；

B ——导线所在位置的磁感应强度，单位为 T。

tips：1T 在数值上等于长度为 1m 并与磁场相垂直的导线，通过 1A 电流时，它所受的电磁力为 1 牛顿（N）时的磁场感应强度。磁感应强度 B 是个矢量，其方向为磁针在磁场中某点静止时 N 极所指的方向。如果在磁场中的各点处，载流导线所受到的电场

力 F 的大小相等，方向相同，则说明磁场中各点的磁感应强度都相同。这样的磁场称为匀强磁场。

3.9 焦耳－楞次定律的计算

电流的热效应就是当电流过导体时，由于自由电子的碰撞，导体的温度会升高。这是因为导体吸收的电能转换成为热能的缘故。焦耳－楞次定律为电流通过导体时所产生的热量与电流强度的二次方、导体本身的电阻，以及电流通过的时间成正比。

焦耳－楞次定律的计算公式如下：

$$Q=I^2Rt$$

式中 Q ——电流通过导体所产生的热量，单位为 J；

I ——通过导体的电流，单位为 A；

R ——导体的电阻，单位为 Ω。

如果热量以 cal 为单位，则焦耳－楞次定律的计算公式如下：

$$Q=0.24I^2Rt=0.24Pt$$

式中 t ——单位为 s；

R ——单位为 Ω；

I ——单位为 A；

热量 ——单位为 cal。

3.10 通过人体的电流的计算

当电流通过人体时，人体相当于电路中的一个电阻。根据欧姆定律，通过人体的电流的计算如下：

通过人体的电流 = 作用电压 / 人体电阻

如果电压作用于人体并形成回路，则作用在人体上的电压越高，通过人体的电流就越大，电流穿透肌体的强度也越强，对人体的损害也就越严重。

人体电阻一定时，人体接触的电压越高，通过人体的电流就越大，对人体的损害也就越严重。

作用于人体的电压低于一定数值时，在短时间内，电压对人体不会造成严重的伤害事故，该电压称为安全电压。

安全电压的定义、等级的规定如下：

（1）为了防止触电事故发生，规定了特定的供电电源电压系列，在正常、故障情况下，任何两个导体间或导体与地间的电压上限，不得超过交流电压 50V。

（2）安全电压的等级分为 42V、36V、24V、12V、6V。电源设备采用 24V 以上的安全电压时，必须采取防止可能直接接触带电体的保护措施。

3.11 蓄电池最大电流的计算

电池的放电倍率，单位为 C，量纲为 1/h，也就是“时”的倒数。电池的放电倍率表示蓄电池放电的能力、放电的快慢。

电池的最大电流的计算如下：

最大电流 = 电池容量 × 放电倍率 C 值

［举例 1］ 一款电池为例：2200mAh(2Ah)11.1V20C，其中的 20C 是什么意思？

20C 表示为该款电池能在 1/20 小时 =60/20 分钟 =3 分钟的时间里，放完 2200mAh 的电量。

tips：电池上标的放电倍率是工厂给出的最大的放电倍率。

[举例 2]　一款电池为例：2200mAh(2Ah)11.1V20C，则该款电池的最大电流是多少？

根据　最大电流 = 电池容量 × 放电倍率 C 值得

2.2 × 20=44A

tips：C 值比较高的电池，内阻一般比较低。因此，能够承受更大的电流通过（根据发热功率，即可判断）。

3.12 电压源并联的计算

当负载电压不超过一个电压源的电动势，负载电流超过了电压源的额定电流时，则应当采用并联电压源。

电压源的并联条件为：各个电压源的电动势必须相等，它们的内阻也相等。否则，在电压源内会形成很大的环流而烧毁电压源。

m 个电动势相等、内阻相等的电压源并联后，其总电动势的计算如下：

$$E=E_1=E_2=\cdots E_m$$

m 个电动势相等、内阻 R 相等的电压源并联后，其总内阻的计算如下：

$$R_{总}=R/m$$

3.13 1000W 功率等于多少安的换算

功率一定的情况下，电流的大小受电压影响，电压越高，电流就越小。相关计算公式如下：

单相情况——$I=P/U$

三相情况——$I=P/(U\times1.732)$

[举例 1]　电压等于 220V 时，1000W 功率等于多少安？

根据　单相情况——$I=P/U$　得

I=1000W/220V ≈ 4.545A

[举例 2]　电压等于 380V 时，1000W 功率等于多少安？

根据　三相情况——$I=P/(U\times1.732)$　得

I=1000W/(380 × 1.732) ≈ 1.519A

如果不考虑功率因数，也就是功率因数为 1 的情况，1kW 约等于几安电流如下：

220V 电压单相系统，1kW 约为 4.55A 的电流。

380V 电压三相系统，1kW 约为 1.52A 的电流。

6000V 电压三相系统，1kW 约为 0.096A 的电流。

10000V 电压三相系统，1kW 约为 0.058A 的电流。

说明：其他类似电压系统，可以根据以上方法参考推测。

3.14 2.5mm^2 电线能承载多少千瓦功率的计算

2.5mm^2 电线能承载多少千瓦功率的估算见表 3-6。

表 3-6 2.5mm^2 电线能承载多少千瓦功率的估算

类型	安全载流量	单相电源负载额定功率的计算	三相电源负载额定功率的计算
2.5mm^2 的橡皮绝缘铝线	若2.5mm^2 的橡皮绝缘铝线的安全载流量取大约21A	根据单相电源负载额定功率 $P=UI\cos\phi$ 得 $0.22\times21\times0.90\approx4.16$（kW） （其中，额定电压 U 为0.22kV、功率因数 $\cos\phi$ 为0.90）	根据三相电源负载额定功率 $P=\sqrt{3}UI\cos\phi$ 得 $1.732\times0.38\times21\times0.90\approx12.44$（kW）。 （其中，额定电压 U 为0.38kV、功率因数 $\cos\phi$ 为0.90）
2.5mm^2 的橡皮绝缘铜线	若2.5mm^2 的橡皮绝缘铜线的安全载流量取大约28A	根据单相电源负载额定功率 $P=UI\cos\phi$ 得 $0.22\times28\times0.90\approx5.54$（kW） （其中，额定电压 U 为0.22kV、功率因数 $\cos\phi$ 为0.90）	根据三相电源负载额定功率 $P=\sqrt{3}UI\cos\phi$ 得 $1.732\times0.38\times28\times0.90\approx16.59$（kW） （其中，额定电压 U 为0.38kV、功率因数 $\cos\phi$ 为0.90）

3.15 1.5mm^2 的铜线能够承载多少瓦的功率的计算

根据 1.5mm^2 的橡皮绝缘铜线的安全载流量为 12A，以及单相电源负载额定功率 $P=UI\cos\phi$，可以计算出 1.5mm^2 的铜线能够承载的功率：

$$P=0.22\times12\times0.90\approx2.38\ (\text{kW})$$

其中，额定电压 U 为 0.22kV、功率因数 $\cos\phi$ 为 0.90 计算。

3.16 导线线径的计算

导线线径，一般可以根据如下公式来计算：

铜线——$S=IL/(54.4\times U')$

式中 I ——导线中通过的最大电流，单位为 A；

L ——导线的长度，单位为 m；

U' ——允许的电压降，单位为 V，U' 电压降可由整个系统中所用的设备范围内，分给系统供电用的电源电压额定值综合起来考虑选用；

S ——导线的截面积，单位为 mm^2，计算出来的截面积，一般应往上靠。

3.17 电线电缆平方数的计算

电线平方数是水电工的一个口头用语。几平方线是国家标准规定的一个标称值，几平方线是根据电线电缆的负荷来选择电线电缆。

常说的几平方电线是没加单位，也就是默认单位为 mm^2。

电线的平方实际上就是电线的横截面积，即电线圆形横截面的面积，单位为 mm^2。

电线电缆平方数的计算如下：

电线平方数 (mm^2) = 圆周率 (3.14)× 电线半径 (mm) 的平方

电线的平方 = 圆周率 (3.14)× 电线直径的平方 /4

电缆截面积的计算公式：

0.7854× 电线半径 (mm) 的平方 × 股数

[举例] 48 股的电缆，每股电线半径 0.2mm，则电缆截面积是多少？

根据 0.7854×电线半径（mm）的平方×股数 得 0.7854×（0.2×0.2）×48=1.5（mm^2）

3.18 电线载流量可以承受多少瓦的电器功率的估算

同一根电线在不同的敷设方法、环境温度下，其载流量是不同的。家庭装修的电线载流量参考如下（对于电机类电器，因起动电流较大，则需要降低电线载流量来使用）：

1.5mm^2——10A/220V——2200W（最小容量）。

2.5mm^2——15A/220V——3300W（最小容量）。

4mm^2——20A/220V——4400W（最小容量）。

6mm^2——25A/220V——5500W（最小容量）。

[举例 1] 一般住房进线，一般设计 4mm^2 的铜线即可。住房同时开启的家用电器不得超过 25A（也就是 5500 瓦）。如果把房屋内的电线设计更换成 6mm^2 的铜线，但是进入电表的电线是 4mm^2 的，则进线设计为 6mm^2 的铜线也是没有什么用处。

[举例 2] 3 匹空调耗电大约为 3600W（也就是约 16A），则 1 台空调需要单独设计一条 4mm^2 及以上的铜芯电线供电。

[举例 3] 每台计算机耗电为 200~300W（也就是 1~1.5A），则 10 台计算机就需要一条 2.5mm^2 的铜芯电线供电，否则可能发生火灾。

tips：电流比较大的家用电器为：

某款带烘干功能的洗衣机电流大约 10A。

某款电饭煲电流大约 4A。

某款电开水器电流大约 4A。

某款电热水器电流大约 10A。

某款空调电流大约 5A(1.2 匹)。

某款微波炉电流大约 4A。

某款洗碗机电流大约 8A。

3.19 家装电线规格的估算

家装中使用的电线，一般设计为单股铜芯线，也可以设计为多股铜芯线。家装电线截面面积主要规格为：1.5mm^2、2.5mm^2、4mm^2、6mm^2。

6mm^2 的铜芯电线——主要设计用于进户主干线。

1.5mm^2 的电线——一般设计用于灯具、开关线。电路中地线一般也用，地线则用双色线较多。

2.5mm^2 铜芯线——一般设计用于插座线、部分支线。

4mm^2 铜芯线——一般设计用于电路主线、空调、电热水器等的专用线。

3.20 家装电线用量的估算

家装电线用量估算的主要步骤，首先确定门口到主卧室、次卧室、儿童房、客厅、餐厅、主卫、客卫、厨房、阳台 1、阳台 2、走廊等各个功能区最远位置的距离，然后把上述距离测量出来，分别为：A 米、B 米、C 米、D 米、E 米、F 米、G 米、H 米、I 米、J 米、K 米等数值。然后确定各功能区灯的数量（注意各功能区同种辅灯统一算一盏）、各功能区插座数量、各功能区大功率电器数量（如果没有用，则用0表示），然后根据表3-7来估算电线用量。

［举例］ 100m² 的房屋面积家装电线用量大致参考见表3-8。

表3-7 家装电线用量的估算

类型	家装电线用量的估算
1.5mm² 电线长度	(A+5m)× 主卧灯数 (B+5m)× 次卧灯数 (C+5m)× 儿卧灯数 (D+5m)× 客厅灯数 (E+5m)× 餐厅灯数 (F+5m)× 主卫灯数 (G+5m)× 客卫灯数 (H+5m)× 厨房灯数 (I+5m)× 阳台1灯数 (J+5m)× 阳台2灯数 (K+5m)× 走廊灯数 上述结果之和乘以2
2.5mm² 电线长度	(A+2m)× 主卧插座数 (B+2m)× 次卧插座数 (C+2m)× 儿卧插座数 (D+2m)× 客厅插座数 (E+2m)× 餐厅插座数 (F+2m)× 主卫插座数 (G+2m)× 客卫插座数 (H+2m)× 厨房插座数 (I+2m)× 阳台1插座数 (J+2m)× 阳台2插座数 (K+2m)× 走廊插座数 上述结果之和乘以3
4mm² 电线长度	(A+4m)× 主卧大功率电器数量 (B+4m)× 次卧大功率电器数量 (C+4m)× 儿卧大功率电器数量 (D+4m)× 客厅大功率电器数量 (E+3m)× 餐厅大功率电器数量 (F+3m)× 主卫大功率电器数量 (G+3m)× 客卫大功率电器数量 (H+3m)× 厨房大功率电器数量 (I+2m)× 阳台1大功率电器数量 (J+2m)× 阳台2大功率电器数量 (K+2m)× 走廊大功率电器数量 上述之和乘以3

表3-8 100m² 的房屋面积家装电线用量大致参考

类型	电线用量
铜芯单股线(BV)或BVR：隐藏在地下或墙里面（中高档装修）	BV1.5 3~5卷 BV2.5 4~5卷 BV4 1~3卷 BV2.5(双色地线)大约2卷
铜芯护套线(BVVB)明装或走在外边线槽里（中高档装修）	BVVB2×1.5大约1卷 BVVB2×2.5大约2卷 BVVB2×4大约1卷 BV2.5(双色地线)大约2卷

注：1.5mm² 的电线，可以设计用于走灯线。2.5mm² 的电线，可以设计用于开关插座。4mm² 的电线，可以设计用于入户线、空调等大功率的电器。双色地线，可以设计用于电器的漏电保护。

上述仅是结算，不是精算，与实际有偏差。

3.21 刀开关的设计选择

刀开关选择的一些要求如下：控制保护设备选择的原则、根据周围环境特征选择、根据电流电压选择、根据保护条件来设计选择。

刀开关的选择计算公式如下：

$$I_N \geqslant I_j$$

式中 I_N——刀开关的额定电流；

I_j——线路的计算电流。

3.22 熔断器的设计选择

在照明用电线路中，一般熔体的额定电流大于或等于负载的计算电流，即选择公式如下：

$$I_N \geqslant I_j$$

式中 I_N——熔体的额定电流；

I_j——线路的计算电流。

如果负荷是气体放电灯时，熔体额定电流应选取大一些，即选择公式如下：

$$I_N \geqslant (1.1\sim1.7)I_j$$

式中 I_N——熔体的额定电流；

I_j——线路的计算电流。

照明线路熔体设计选择时参考见表 3-9。

表 3-9 照明线路熔体设计选择时的参考

熔断器型号	熔体材料	熔体额定电流	熔体额定电流与线路计算电流之比		
			白炽灯、荧光灯	高压汞灯	高压钠灯
RC1A	铅、铜	≤ 60	1	1~1.5	1.1
RL1	铜、银	≤ 60	1	1.3~1.7	1.5

3.23 断路器的设计选择

断路器在设计选择时，需要考虑断路器的额定电压、额定电流、脱扣器的长延时动作整定电流、脱扣器的短延时动作整定电流等参数。其中，脱扣器的长延时动作整定电流选择公式如下：

$$I_{op1} \geqslant K_{k1}I_j$$

式中 I_{op1}——脱扣器的长延时动作整定电流；

K_{k1}——长延时计算系数，其中，白炽灯、荧光灯、卤钨灯取 1，高压汞灯取 1.1，高压钠灯取 1；

I_j——线路的计算电流。

脱扣器的短延时动作整定电流选择公式如下：

$$I_{op2} \geqslant K_{k2}I_j$$

式中 I_{op2}——脱扣器的短延时动作整定电流；

K_{k2}——短延时计算系数，一般取 6；

I_j——线路的计算电流。

3.24 计算负荷的计算

计算负荷又称为需要负荷、最大负荷。计算负荷是一个假想的持续性负荷，其热效应需要与同一时间内实际变动负荷所产生的最大热效应相等。

计算负荷的方法与要求如下：

（1）对于住宅建筑的负荷计算，方案设计阶段可以采用单位指标法、单位面积负荷密度法。初步设计与施工图设计阶段，有的采用单位指标法与需要系数法相结合的算法。

（2）当单相负荷的总计算容量小于计算范围内三相对称负荷总计算容量的 15% 时，需要全部根据三相对称负荷来计算。当大于等于 15% 时，需要将单相负荷换算为等效三相负荷，再与三相负荷相加。

（3）当变压器低压侧电压为 0.4kV 时，配变电站中单台变压器容量不宜大于 1600kVA。

（4）住宅建筑用电负荷采用需要系数法计算时，需要系数需要根据当地气候条件、采暖方式、电炊具使用等因素来确定。

（5）住宅建筑用电负荷量进行单位指标法计算时，还需要结合实际工程情况乘以需要系数。住宅建筑用电负荷需要系数的取值可参见表 3-10。

表 3-10 住宅建筑用电负荷需要系数

按单相配电计算时所连接的基本户数	按三相配电计算时所连接的基本户数	需要系数
1~3	3~9	0.90~1
4~8	12~24	0.65~0.90
9~12	27~36	0.50~0.65
13~24	39~72	0.45~0.50
25~124	75~300	0.40~0.45
125~259	375~600	0.30~0.40
260~300	780~900	0.26~0.30

［举例］ 一台 1600kVA 变压器能带多少户住宅?

解析：单相配电 300（三相配电 900）基本户数及以上时，每户的计算

$$P_{js1}=P_e \cdot K_X=3\times 0.3=0.9(\text{kW})$$

$$P_{js2}=P_e \cdot K_X=4\times 0.26=1.04(\text{kW})$$

$$P_{js3}=P_e \cdot K_X=6\times 0.26=1.56(\text{kW})$$

式中 P_{js}——每户的计算负荷，单位为 kW；

P_e——每户的用电负荷量，单位为 kW；

K_X——住宅建筑用电负荷需要系数。

1600kVA 变压器用于居民用电量的计算负荷为

$$P_{js4}=S_e \cdot K_1 \cdot K_2 \cdot \cos\phi\ (\text{kW})$$
$$=1600\times 0.85\times 0.7\times 0.9\approx 856.8(\text{kW})$$

式中 P_{js4}——单台变压器用于居民用电量的计算负荷，单位为 kW；

S_e——变压器容量，单位为 kVA；

K_1——变压器负荷率，取 85%；

K_2——居民用电量比例［扣除公共设施、公共照明、非居民用电量（如地下设备层、小商店等）］，取 70%

$\cos\phi$——低压侧补偿后的功率因数值，取 0.9。

一台 1600kVA 变压器可带住宅的户数：

$$A_1=P_{js4}/P_{js1}=856.8/0.9=952\times 3\approx 2856(\text{户})$$

$$A_2=P_{js4}/P_{js2}=856.8/1.04=823\times 3\approx 2469(\text{户})$$

$$A_3=P_{js4}/P_{js3}=856.8/1.56=549\times 3\approx 1647(\text{户})$$

3.25 根据单位面积与单位指标法估算计算负荷

根据单位面积与单位指标法估算计算负荷的公式如下：

$$P_j=S\times P/1000(\text{kW})$$

式中 P——单位面积功率（负荷密度），单位为 W/m^2；

S——建筑面积，单位为 m^2。

另外，需要考虑预留余量，一般取大于计算结果的整数。例如 15.28kW 的，考虑预留余量则取整数为 16kW。

tips：各类建筑物单位面积参考负荷指标见表 3-11。

表 3-11　各类建筑物单位面积参考负荷指标

建筑类别	用电指标 / (W/m^2)	建筑类别	用电指标 / (W/m^2)
办公	40~80	中小学	12~20
公寓	30~50	医院	40~60
剧场	50~80	医院（无中央空调）	70~90
旅馆	40~70	高等学校	20~40
商业（大中型）	70~130	演播馆	250~500
商业（一般）	40~80	展览馆	50~80
体育	40~70	汽车库	8~15

3.26　同层住户采用单相还是三相供电合理的判断计算

判断同层住户采用单相还是三相供电合理一些，可以通过电流计算来进行。例如同层为 9 户的采用单相还是三相供电的合理性判断、比较，首先计算 9 户采用单相电流情况，具体计算公式如下：

$$I_{js}=P_eNK_X/(U_e\cos\phi)$$
$$=6\times9\times0.65/(0.22\times0.8)$$
$$=199.43(A)$$

式中 I_{js}——每层住宅用电量的计算电流，单位为 A；

P_e——每户的用电负荷量，单位为 kW；

N——每层住宅户数；

K_X——住宅建筑用电负荷需要系数；

U_e——供电电压，单位为 V；

$\cos\phi$——功率因数。

然后计算同层为 9 户采用三相电流情况，具体计算公式如下：

$$I_{js}=P_eNK_X/(\sqrt{3}U_e\cos\phi)$$
$$=6\times9\times0.9/(1.732\times0.38\times0.8)$$
$$=92.78(A)$$

式中 I_{js}——每层住宅用电量的计算电流，单位为 A；

P_e——每户的用电负荷量，单位为 kW；

N——每层住宅户数；

K_X——住宅建筑用电负荷需要系数；

U_e——供电电压，单位为 V；

$\cos\phi$——功率因数。

然后比较计算的电流，发现同层为 9 户采用三相的电流小于同层为 9 户单相的电流，则说明采用三相供电要合理一些。

3.27　室内扬声器所需功率的计算

室内扬声器所需功率的计算如下：

$$10\lg W_E=L_P-L_S+20\lg r$$

式中 L_P——根据需要所选定的最大声压级，单位为 dB；

W_E——扬声器的电功率，单位为 W；

L_S——扬声器特性灵敏度级，单位为 dB；

r——测点到扬声器的距离，单位为 m。

3.28　室内扬声器声场的声压级计算

室内扬声器声场的声压级计算如下：

$$L_P=L_W+10\lg[QD(\theta^2)/4\pi r^2+4/R]^2$$

$$L_W=10\lg W_E-10\lg Q+L_S+11(\text{dB})$$

式中 L_W——扬声器的声级功率，单位为 dB；

W_E——输入扬声器的电功率，单位为 W；

L_S——扬声器特性灵敏度级，单位为 dB；

$D(\theta)$——扬声器 θ 方向的指向性系数；

Q——扬声器指向性因数；

r——测点到扬声器的距离，单位为 m；

R——房间常数，单位为 m^2。

3.29 室内扬声器最远供声距离的计算

室内扬声器最远供声距离的计算如下：

$$r_m \leqslant 3\sim4r_c$$

式中 r_c——临界距离，单位为 m，$r_c=0.14D(\theta)[QR]^{1/2}(\text{m})$；

Q——扬声器指向性因数；

R——房间常数，单位为 m^2；

$D(\theta)$——扬声器 θ 方向的指向性系数。

3.30 厅堂声压级的计算

室内声场分布均匀情况见表 3-12。

表 3-12 室内声场分布均匀情况

声源位置	Q
房间中或舞台中	1
靠一边墙	2
靠一墙角	4
在三面交角上	8

↓

厅堂声压级计算如下：

$$L_P=L_W+10\lg(Q/4\pi r^2+4/R)$$

$$L_W=10\lg(W/W_0)=10\lg W+120(\text{dB})$$

式中 L_W——扬声器的声级功率，单位为 dB；

W——声源功率，单位为 W；

r——声源距测点的距离，单位为 m；

R——房间常数，单位为 m^2，$R=Sx/(1-x)$；

S——室内总面积，单位为 m^2；

x——平均吸声系数；

Q——声源的指向性因数。

3.31 广播传输距离、负载功率、线路衰减、传输线路截面积的计算

广播传输距离、负载功率、线路衰减、传输线路截面积的计算如下：

$$S=\frac{2\rho LP}{U^2(10^{\gamma/20}-1)}$$

式中 S——传输线路截面积，单位为 m^2；

P——负载扬声器总功率，单位为 W；

ρ——传输线材电阻率，单位为 $\Omega\cdot mm^2/km$；

U——额定传输电压，单位为 V；

L——传输距离，单位为 km；

γ——线路衰减，单位为 dB。

3.32 扬声器在吊顶安装时间距的计算

走道内扬声器间距估算：

$$L=(3\sim3.5)H$$

会议厅、多功能厅、餐厅内扬声器间距估算：

$$L=2(H-1.3)\text{tang}\theta/2$$

门厅、电梯厅、休息厅内扬声器间距估算：

$$L=(2\sim2.5)H$$

式中 L ——扬声器安装间距，单位为 m；

H ——扬声器安装高度，单位为 m。

θ ——扬声器的辐射角度。

3.33 广播系统功放设备容量的计算

广播系统功放设备容量的计算

$$P=K_1K_2\sum P_0$$

$$P_0=K_iP_i$$

式中 P ——功放设备输出总电功率，单位为 W；

P_0 ——每分路同时广播时最大电功率，单位为 W；

P_i ——第 i 支路的用户设备额定容量，单位为 W；

K_i ——第 i 分路的同时需要系数（服务性广播时，客房每套 K_i 取 0.2~0.4；背景音乐系统时，K_i 取 0.5~0.6；业务性广播时，K_i 取 0.7~0.8；火灾应急广播时，K_i 大约取 1.0）；

K_1 ——线路衰耗补偿系数（线路衰耗 1dB 时大约取 1.26，线路衰耗 2dB 时大约取 1.58）；

K_2 ——老化系数，一般取 1.2~1.4。

3.34 视频监控镜头焦距的选择计算

视频监控镜头焦距的选择可以根据视场大小与镜头到监视目标的距离等来确定，如图 3-4 所示，具体计算如下：

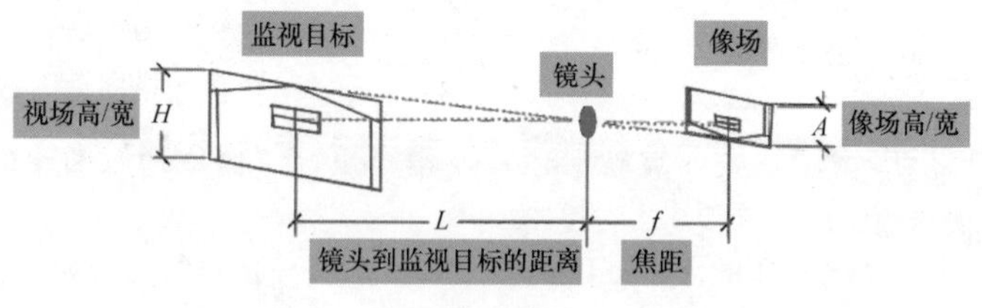

图 3-4 视频监控镜头焦距的计算

$$f=AL/H$$

式中 f ——焦距，单位为 mm；

A ——像场高 / 宽，单位为 mm；

L ——镜头到监视目标的距离，单位为 mm；

H ——视场高 / 宽，单位为 mm。

3.35 视频存储空间的计算

视频存储空间的计算如下：

需明确系统中总共有多少个通道的视频需要存储

需明确视频的存储方式，如24h存储，预置时间存储或报警存储等方式

存储空间=通道数×码流×保存时间

需明确通道码流大小，可以由帧率和分辨率情况参考

3.36 综合布线与避雷引下线交叉间距的计算

墙上敷设的综合布线缆线及管线与其他管线的间距见表3-13。

表3-13 墙上敷设的综合布线缆线及管线与其他管线的间距

其他管线	平行净距/mm	垂直交叉净距/mm
避雷引下线	1000	300
保护地线	50	20
给水管	150	20
压缩空气管	150	20
热力管（不包封）	500	500
热力管（包封）	300	300
煤气管	300	20

综合布线与避雷引下线交叉间距的计算如下：

墙壁电缆敷设高度超过6000mm时，与避雷引下线的交叉间距计算：

$$S \geqslant 0.05L$$

式中 S ——交叉间距，单位为mm；

L ——交叉处避雷引下线距地面的高度，单位为mm。

3.37 综合布线配线电缆数量的计算

配线子系统配线电缆的平均长度除标准楼层外，其他各层宜分别计算。

配线子系统配线电缆平均长度参考计算如图3-5所示。

$$L_h=[(L_{h1}+L_{h2})/2+6]\times 1.3$$

式中 L_h ——建筑物某层水平电缆的计算平均长度；

L_{h1}——弱电间至最近信息插座水平电缆在平面图样的长度度量；

L_{h2}——弱电间至最远信息插座水平电缆在平面图样的长度度量；

6 ——弱电间竖向及工作区电缆预留的长度，单位为m；

1.3——1.3中的0.3为在电缆布放时的预留长度系数。

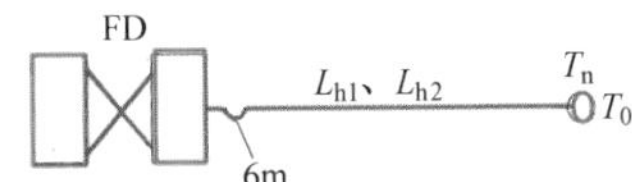

图3-5 配线子系统配线电缆平均长度计算

注：FD为楼层配线架；T_n为内向信息插座；T_0为信息插座。

3.38 综合布线配线电缆总量的计算

综合布线配线电缆总量的计算如下：

配线电缆总量

$$N_{总}=\sum L_h$$

式中 L_h——建筑物各层水平电缆的计算平均长度。

3.39 光纤耗损的计算

光纤耗损的计算如下：

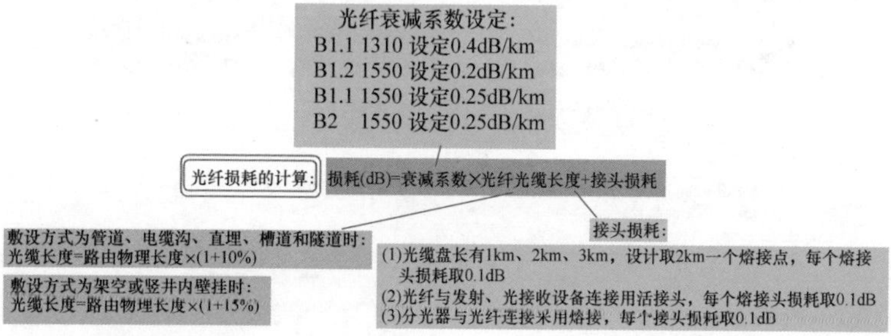

光纤衰减系数设定：
B1.1 1310 设定0.4dB/km
B1.2 1550 设定0.2dB/km
B1.1 1550 设定0.25dB/km
B2 1550 设定0.25dB/km

光纤损耗的计算：损耗(dB)=衰减系数×光纤光缆长度+接头损耗

敷设方式为管道、电缆沟、直埋、槽道和隧道时：
光缆长度=路由物理长度×(1+10%)

敷设方式为架空或竖井内壁挂时：
光缆长度=路由物理长度×(1+15%)

接头损耗：
(1)光缆盘长有1km、2km、3km，设计取2km一个熔接点，每个熔接头损耗取0.1dB
(2)光纤与发射、光接收设备连接用活接头，每个熔接头损耗取0.1dB
(3)分光器与光纤连接采用熔接，每个接头损耗取0.1dB

3.40 配电回路的负荷计算

配电回路的负荷计算的方法有需要系数法、利用系数法、二项式等。配电回路的负荷计算方法，就是首先确定每根导线上的计算电流后，再选择导线、低压断路器。

导线的设计选择，需要根据发热条件来进行，以及还需要考虑机械强度。在设计选择断路器时，其额定电压不能够低于保护线路额定电压，断路器的额定电流不能够小于它所安装的脱扣器的额定电流。

配电回路配电箱负荷计算技巧如下：

（1）如果出线全是三相时——全部三相直接相加得到设备容量，然后乘以需要系数，得到计算负荷，再用三相计算电流公式。接下来通过计算出的电流，查载流量表，最后设计选用电线型号。

（2）如果出线全是同一单相时——全部单相直接相加得到设备容量，乘以需要系数，得到计算负荷，再用单相计算电流公式。接下来通过计算出的电流，查载流量表，最后设计选用电线型号。

（3）如果出线有单相与三相时，或者仅是不同的单相时（没有三相）——需要先判断全部单相之和是否大于三相之和的 15%。全部单相之和就是把全部的单相加起来，即 L_1+L_2+L_3。

1）大于等于 15% 时，配电箱设备容量 = 等效三相 + 三相之和。也就是找出最大的单相，然后把这个数乘以 3，得到的就是全部单相的用电量，这就称为等效三相。具体的计算方法如下：首先把各个单相分别相加，（也就是单相 L_1 的数值相加，单相 L_2 的数值相加，单相 L_3 的数值相加），然后看哪相最大，选择最大一相，并且其功率为 $P_{最大}$，则有计算 $3P_{最大}$得到的数值就是等效三相。然后根据等效三相功率容量，再乘以需要系数，得到计算负荷，接下来用单相计算电流公式。然后通过计算出的电流，查载流量表，最后设计选用电线型号。

2）小于 15% 时，配电箱设备容量 = 全部单相之和 + 三相之和。得到设备容量后，再乘以需要系数，得到计算负荷，然后用单相计算电流公式。接下来通过计算出的电流，查载流量

表，最后设计选用电线型号。

［举例］ 某层配电箱系统图如图 3-6 所示，其有关导线、低压断路器的设计选择是怎样的？

解析：题目中配电箱系统图，输出设计了 19 个回路，其中有 4 个备用回路。每个回路的导线，设计选择聚氯乙烯绝缘铜芯，也就是 BV 导线。

配电箱各输出回路中所用的导线，断路器的设计选择，主要由各回路的计算电流来确定。因此，首先根据输出回路的特点，进行照明回路、插座回路、风机盘管回路、新风机组回路分类。然后选择每类中功率最大的一条回路去计算其电流（因为，设计选择的导线、断路器最大功率的回路满足，则功率小的回路也自然满足）。

根据系统图，可知照明回路中功率最大的一条回路 WL1 功率为 1.23kW，则该照明回路的计算电流如下：

$$根据I=\frac{P}{U\cos\phi}得$$

$$I=\frac{1.23\times1000}{220\times0.9}\approx6.2\text{A}$$

tips：计算荧光灯回路功率时，每个荧光灯的功率 + 镇流器的功率损耗为原来的 10%，才是每个荧光灯具的总功率，$\cos\phi$ 常取 0.9。

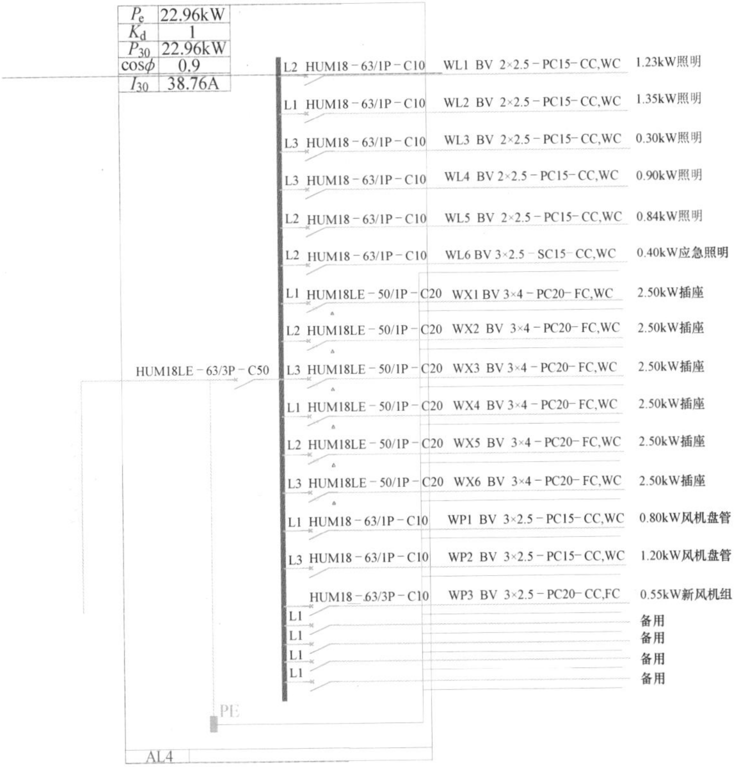

P_e	22.96kW
K_d	1
P_{30}	22.96kW
$\cos\phi$	0.9
I_{30}	38.76A

HUM18LE－63/3P－C50

相序	断路器	回路及导线	负荷
L2	HUM18－63/1P－C10	WL1 BV 2×2.5－PC15－CC,WC	1.23kW照明
L1	HUM18－63/1P－C10	WL2 BV 2×2.5－PC15－CC,WC	1.35kW照明
L3	HUM18－63/1P－C10	WL3 BV 2×2.5－PC15－CC,WC	0.30kW照明
L3	HUM18－63/1P－C10	WL4 BV 2×2.5－PC15－CC,WC	0.90kW照明
L2	HUM18－63/1P－C10	WL5 BV 2×2.5－PC15－CC,WC	0.84kW照明
L2	HUM18－63/1P－C10	WL6 BV 3×2.5－SC15－CC,WC	0.40kW应急照明
L1	HUM18LE－50/1P－C20	WX1 BV 3×4－PC20－FC,WC	2.50kW插座
L2	HUM18LE－50/1P－C20	WX2 BV 3×4－PC20－FC,WC	2.50kW插座
L3	HUM18LE－50/1P－C20	WX3 BV 3×4－PC20－FC,WC	2.50kW插座
L1	HUM18LE－50/1P－C20	WX4 BV 3×4－PC20－FC,WC	2.50kW插座
L2	HUM18LE－50/1P－C20	WX5 BV 3×4－PC20－FC,WC	2.50kW插座
L3	HUM18LE－50/1P－C20	WX6 BV 3×4－PC20－FC,WC	2.50kW插座
L1	HUM18－63/1P－C10	WP1 BV 3×2.5－PC15－CC,WC	0.80kW风机盘管
L3	HUM18－63/1P－C10	WP2 BV 3×2.5－PC15－CC,WC	1.20kW风机盘管
	HUM18－63/3P－C10	WP3 BV 3×2.5－PC20－CC,FC	0.55kW新风机组
L1			备用
L1			备用
L1			备用
L1			备用

PE

AL4

图 3-6 某层配电箱系统图

（1）该功率最大的照明回路导线的设计参考选取——根据允许载流量条件，设计选择导线的截面积，并且满足下列计算：

$$I_{al}>I$$

式中 I_{al}——导线或电缆长期允许的工作电流，单位为A，导线或电缆的允许载流量与环境的温度有关，例如设计选取温度为30℃时的载流量；

I——线路的计算电流，单位为A。

根据计算电流$I\approx 6.2$A，以及$I_{al}>I$，设计选择BV型的导线，截面积为2.5mm^2。敷设方式，设计选择穿硬聚氯乙烯管敷设，暗敷墙内，并且沿屋面或顶板敷设。

因此，最大的照明回路导线设计为BV2×2.5-PC15-CC，WC。

（2）该功率最大的照明回路断路器的设计参考选取方法。

1）脱扣器动作电流（也就是脱扣电流）的整定设计选取。根据保护特性，低压断路器过电流脱扣器可以分为长延时、短延时、瞬时。长延时脱扣器，可以设计用于过负荷保护。短延时、瞬时脱扣器，可以设计用于短路保护。一般塑壳式断路器大都无短延时保护特性。万能式低压断路器有的具有二段（瞬时、长延时或瞬时，短延时）或三段（瞬时、短延时、长延时）保护特性。过电流脱扣器整定，需要考虑设备起动电流的影响。有关计算电流的计算如下：

长延时脱扣器的动作电流的整定，动作电流一般需要大于或等于线路的计算电流：

$$I_{op(1)}\geqslant K_{rel}I$$

式中 I——线路的计算电流，单位为A；

$I_{op(1)}$——长延时脱扣器的动作电流，单位为A；

K_{rel}——可靠系数，这里取1.1。

瞬时、短延时脱扣器的动作电流的整定，动作电流根据大于或等于线路的尖峰电流：

$$I_{op(3)}\geqslant K_{rel}I_{pk}$$

式中 $I_{op(3)}$——瞬时、短延时脱扣器的动作电流，其中，C特性断路器动作电流，$I_{op(3)}=(5\sim10)I_{N.OR}$，$I_{N.OR}$为额定电流；

I_{pk}——线路的尖峰电流，一般可取$I_{pk}=I$，I为线路的计算电流；

K_{rel}——可靠系数。动作时间在0.02s以上的框架式断路器，一般取1.3~1.5，动作时间在0.02s以下的塑壳式断路器，一般取1.7~2.0。短延时脱扣器的动作时间一般有0.2s、0.4s、0.6s，需要根据保护装置的选择性来设计选择。

2）根据短路电流校验其分断能力。动作时间在0.02s以上的低压框架式断路器，其极限分断电流需要不小于通过它的最大三相短路电流的周期分量有效值。

$$I_{OFF}\geqslant I_{K}^{(3)}$$

动作时间在0.02s以下的低压塑壳式断路器，其极限分断电流要求不小于通过它的最大三相短路电流冲击值，相关计算公式如下：

$$I_{OFF} \geqslant I_{SH}$$
$$i_{OFF} \geqslant i_{sh}$$

根据上面的计算，以及对型号HUM18-63/1P-C10参数（见表3-14）的比较，则设计选择HUM18-63/1P-C10。

表3-14　型号HUM18-63/1P-C10参数

型号HUM18-63/1P-C10	
型号	解　说
HUM18	厂家标号
1P	极数
C	特性： B特性——容量小的电阻性负载。 C特性——电感性负载（照明负载设计选择C） D特性——容量大的电阻性负载（电动机负载设计选择）
10	额定电流$I_{N.OR}$：10A，该值需要大于I为线路的计算电流

（3）该功率最大的插座回路导线的设计参考选取——根据每个插座回路，一般有预留的功率。因此，每个回路的功率都根据2.5kW来计算，$\cos\phi$取0.8，则计算电流如下：

$$I=\frac{P}{U\cos\phi}$$

$$I=\frac{2.5\times1000}{220\times0.8}\approx14.2\text{A}$$

根据允许载流量条件，设计选择导线的截面积，选取BV型的导线，截面积4mm^2。敷设方式，设计选择穿管敷设。考虑插座多了一条接地保护线，为此穿管的直径比照明线管相应增大，设计选择20mm的。插座安装高度比较低，为此，设计为暗敷设在地面或地板内。综合得到：插座回路导线设计为BV3×4-PC20-FC，WC。

（4）插座回路断路器的设计参考选取——插座回路断路器，一般需要选择带漏电保护的断路器，并且漏电保护电流一般为30mA。经过审查HUM18LE-50/1P-C20的参数，以及与设计要求比较，最后插座回路断路器设计选择HUM18LE-50/1P-C20。

（5）新风机组回路导线设计参考选取——新风机组回路只有一组，功率为0.55kW，$\cos\phi$取0.8，则计算电流如下：

$$I=\frac{P}{U\cos\phi}$$

$$I=\frac{0.55\times1000}{220\times0.8}=3.125\text{A}$$

根据计算电流，以及新风机组属于三相设备，需要增设一根中性线，因此，穿管直径设计选择为20mm的。综合考虑，导线的型号为BV5×2.5-PC20-CC，FC。

（6）新风机组回路断路器设计参考选取——考虑负荷是三相设备，因此，断路器需要选三级C型。经过审查HUM18-63/3P-C10的参数，以及与设计要求比较，最后新风机组回路断路器设计选择HUM18-63/3P-C10。

（7）风机盘管回路导线、断路器设计参考选取——该回路的电流与照明回路差不多，其设计选择方法，可以参考照明回路设计选择方法。

（8）配电箱进线导线设计参考选取——回路中有照明、插座、风机盘管等属于单相设备，新风机组属于三相设备。计算配电箱进线上的计算负荷时，需要先把各支路的单相负荷进行三相等效，等效为三相负荷，有关计算如下：

L1 回路的功率为：7.15kW。

L2 回路的功率为：7.47kW。

L3 回路的功率为：7.4kW。

然后选择最大的那一相：

$$P_e=3P_{el}\max=7.47\text{kW}\times3=22.41\text{kW}$$

然后，利用配电箱的总设备负荷计算，公式如下：

配电箱的总设备负荷 = 等效后将所得功率 + 配电箱的三相设备功率

配电箱的总设备负荷计算：

$$P'_e=P_e+P_{三相}=22.41\text{kW}+0.55\text{kW}=22.96\text{kW}$$

其中，0.55kW 为新风机组三相设备的功率，22.41kW 为等效后将所得功率。

配电箱的总计算负荷计算如下：

$$P=k_xP'_e$$

式中 k_x——需要系数；

P'_e——配电箱的总设备负荷；

P——配电箱的总计算负荷。

配电箱的计算电流如下：

$$I=\frac{P}{U\cos\phi}$$

根据上述公式计算（需要系数 k_x 取 0.9~1，$\cos\phi$ 取 0.9）：

$$P=k_xP'_e=0.9\times22.96\text{kW}$$

$$I=\frac{22.96\times1000\times0.9}{\sqrt{3}\,380\times0.9}\approx35\text{A}$$

配电箱干线有 5 根线，其中 3 根相线、一根中性线、一根保护线。根据允许载流量与计算电流的要求，则设计选择 YJV 型横截面积为 10mm^2 的电线满足要求，并且设计穿硬塑料管，敷设在墙内，同时考虑机械强度。因此，最后确定选择 JYV-5×10-PC32-CC，WC。

（9）配电箱进线断路器设计参考选取——因为为三相线路，则需要设计选择三极的 C 型断路器。经过核查 HUM18-63 的参数，以及根据瞬时脱扣器电流整定为 5 倍：

$$I_{op(3)}=5\times50\text{A}=250\text{A}$$

$$K_{rel}I_{PK}=2\times2\times I=140\text{A}$$

得出满足 $I_{op(3)}>K_{rel}I_{PK}$，也就是满足躲过尖峰电流的要求。

并且，发现 HUM18-63 的过电流脱扣器的额定电流 50A>35A。

最后综合考虑，确定选择 HUM18-63 断路器。

3.41 配电箱预算价格与结构尺寸选择的计算

照明开关箱、小型动力配电箱、电表箱等配电箱预算价格，主要由主材费、综合系数组成。其中，主材费是指箱内安装的开关器件、箱体的价值。开关器件包括断路器、漏电断路器、熔断器、插座、电能表等主要电器。综合系数包括辅材费、人工费、管理费、利润在内的各项费用测算得到的系数。其计算公式如下：

$$A=(\sum B+C)\times K$$

式中 A——配电箱的预算价格；

$\sum B$——箱内各开关器件价值之和；

C——钢制配电箱体；

K——综合系数，K 值取定 1.40。

［举例］ 一工程有一组合开关箱，箱中装有 NC100H 三极开关 1 个，C45N 单极 1 个，C45N 三极开关 1 个，C45N 二极开关带 vigiC45ELE 漏电保护附件组成的漏电开关 1 个并接有 A86Z 系列三孔插座 1 个，怎样设计选择该开关箱？

解析：首先查相关资料，确定各器件的位数与位数总和，具体见表 3-15。

表 3-15　各器件的位数

型号	位数
C45N-32/3P	位数为 3
NC100H-80/3P	位数为 4.5
C45N-16/1P	位数为 1
C45N-16/2P+vigiC45	位数为 2+1.5=3.5
A86Z13-10	位数为 2

位数总和 =4.5+1+3+3.5+2=14 位。

然后，根据开关器件的位数总和查相关资料，得到开关箱体的结构尺寸。得到开关箱体的结构尺寸后，需要再考虑该开关箱体能否满足电能表、进线主回路和出线支路的回路保护器件的位置。如果能够满足，则即可选择该结构尺寸的开关箱体。

第 4 章

能设计——数据把握得当

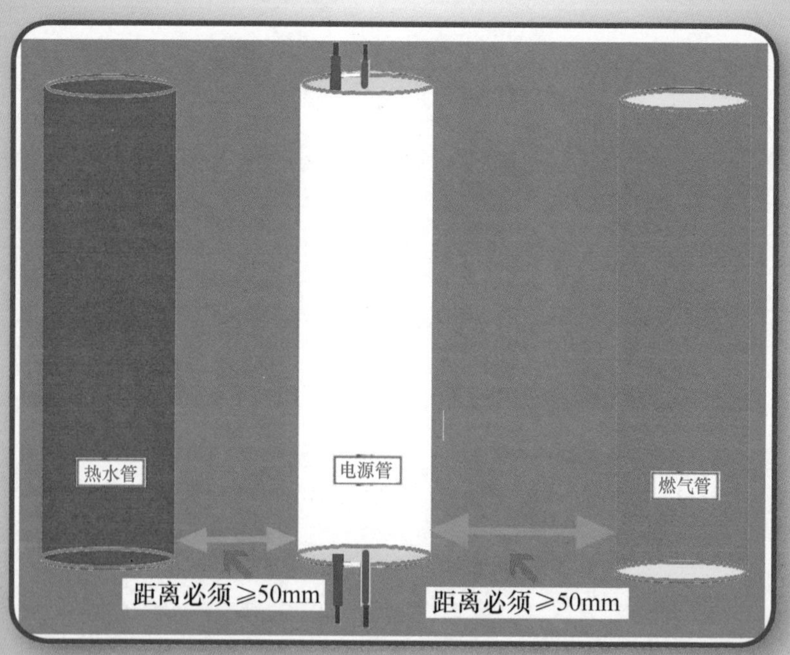

4.1 住宅生活用水定额与小时变化系数

住宅生活用水定额与小时变化系数，一般需要根据住宅类型、建筑标准、卫生器具完善程度、地区条件等来考虑，具体见表 4-1。

表 4-1 住宅生活用水定额与小时变化系数

住宅类型	卫生器具设置标准	单位	生活用水定额（最高日）/L	小时变化系数
普通住宅	设置有大便器、洗涤盆、无淋浴设备	每人每日	85~150	3.0~2.5
	设置有大便器、洗涤盆、淋浴设备		130~220	2.8~2.3
	设置有大便器、洗涤盆、淋浴设备、热水供应		170~300	2.5~2.0
高级住宅与别墅	设置有大便器、洗涤盆、淋浴设备、热水供应		300~400	2.3~1.8

注：如果当地对住宅生活用水定额有具体规定时，可以根据当地有关规定来执行。

4.2 卫生间里各种物件需要占多大空间

一般而言，卫生间里各种物件需要占的参考空间如下：

坐便器所占的面积——大约为 37cm × 60cm。

悬挂式洗面盆占用的面积——大约为 50cm × 70cm。

圆柱式洗面盆占用的面积——大约为 40cm × 60cm。

正方形淋浴间的面积——大约为 80cm × 80cm。

浴缸的标准面积——大约为 160cm × 70cm。

浴缸与对面墙间的距离最好为 100cm，至少要有 60cm 的距离。

洗面盆，为能够方便地使用，需要的空间大约为 90cm × 105cm。该尺寸适用于中等大小的洗面盆，并且能够容下一个人在旁边洗漱。

两个洁具间大概需要预留 20cm 的距离，该距离包括坐便器与洗面盆间或者洁具和墙壁间的距离。浴室镜需要装在大概 135cm 的高度上，以便镜子正对着人的脸。

4.3 冷水管、热水管的间距

冷水管、热水管的间距数据图例如图 4-1 所示。

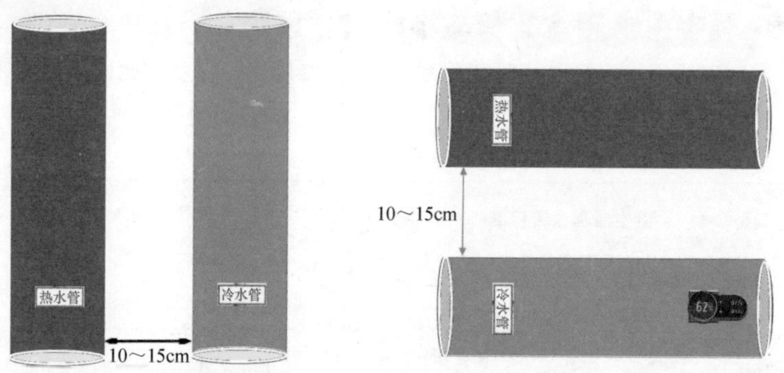

图 4-1　冷水管、热水管的间距数据图例

4.4　水管与电源管、燃气管间距数据

水管与电源管、燃气管间距数据图例如图 4-2 所示。

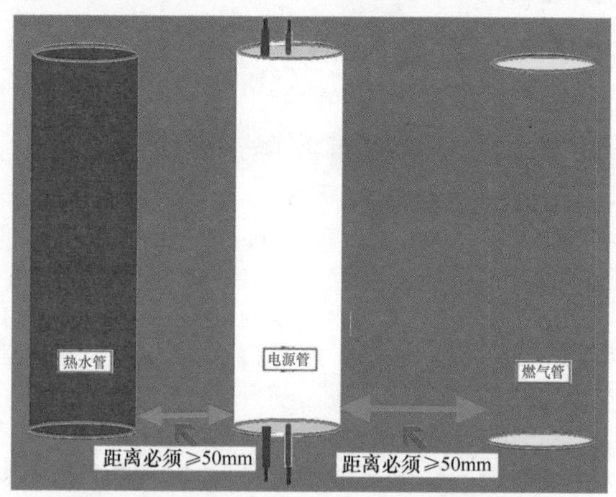

图 4-2　水管与电源管、燃气管间距数据图例

4.5　导线与燃气管、水管、压缩空气管间隔距离

导线与燃气管、水管、压缩空气管间隔距离需要根据表 4-2 的参考规定来确定。

表 4-2　导线与燃气管、水管、压缩空气管间隔距离的参考规定

类别	导线与燃气管、水管 /mm	电气开关、插座与燃气管 /mm	导线与压缩空气管 /mm
同一平面	≥ 100	≥ 150	≥ 300
不同平面	≥ 50		≥ 100

4.6 卫生器具给水的额定流量、当量、支管管径和流出水头的确定

卫生器具给水的额定流量、当量、支管管径与流出水头的确定，一般需要根据表4-3参考来确定。

表4-3 卫生器具给水的额定流量、当量、支管管径与流出水头的参考

给水配件名称	额定流量/（L/s）	当量	支管管径/mm	配水点前所需流出水头/MPa
污水盆（池）水龙头	0.20	1.0	15	0.020
住宅厨房洗涤盆（池）水龙头	0.20（0.14）	1.0（0.7）	15	0.015
——食堂厨房洗涤盆（池）水龙头 ——普通水龙头	0.32（0.24） 0.44	1.6（1.2） 2.2	15 20	0.020 0.040
住宅集中给水龙头	0.30	1.5	20	0.020
洗水盆水龙头	0.15（0.10）	0.75（0.5）	15	0.020
洗脸盆水龙头、盥洗槽水龙头	0.20（0.16）	1.0（0.8）	15	0.015
浴盆水龙头	0.30（0.20） 0.30（0.20）	1.5（1.0） 1.5（1.0）	15 30	0.020 0.015
淋浴器	0.15（0.10）	0.75（0.5）	15	0.025~0.040
大便器 ——冲洗水箱浮球阀 ——自闭式冲洗阀	 0.10 1.20	 0.5 6.0	 15 25	 0.020 根据产品要求
大便槽冲洗水箱进水阀	0.10	0.5	15	0.020
小便器 ——手动冲洗阀 ——自闭式冲洗阀 ——自动冲洗水箱进水阀	 0.05 0.10 0.10	 0.25 0.5 0.5	 15 !5 15	 0.015 根据产品要求 0.020
小便槽多孔冲洗管（每米长）	0.05	0.25	15~20	0.015
实验室化验龙头（鹅颈） ——单联 ——双联 ——三联	 0.07 0.15 0.20	 0.35 0.75 1.0	 15 !5 15	 0.020 0.020 0.020
净身器冲洗水龙头	0.10 （0.07）	0.5 （0.35）	15	0.030
饮水器喷嘴	0.05	0.25	15	0.020
洒水栓	0.40 0.70	2.0 3.5	20 25	根据使用要求 根据使用要求
室内洒水龙头	0.20	1.0	15	根据使用要求
家用洗衣机给水龙头	0.24	1.2	15	0.020

注：1. 表中括弧内的数值系在有热水供应时单独计算冷水或热水管道管径时采用。
2. 淋浴器所需流出水头按控制出流的启闭阀件前计算。
3. 浴盆上附设淋浴器时，额定流量和当量应按浴盆水龙头计算，不必重复计算浴盆上附设淋浴器的额定流量和当量。
4. 充气水龙头和充气淋浴器的给水额定流量应按本表同类型给水配件的额定流量乘以0.7采用。
5. 卫生器具给水配件所需流出水头有特殊要求时，其数值应按产品要求确定。

4.7 卫生器具进水口离地、离墙的尺寸数据

无论是暗装给水排水技能，还是明装给水排水技能，一般会涉及卫生洁具进水口离地、离墙等有关尺寸，具体的一些卫生器具进水口离地、离墙的尺寸见表 4-4。

表 4-4 卫生器具进水口离地、离墙的尺寸

器具名称	离地距离 /mm	冷热进水口间距 /mm	进出水口突出瓷砖的长度 /mm
洗菜池	450~500	150	0
洗脸盆	450~500	150	0
混合龙头	800~1000	150	−5
拖把龙头	600	—	0
热水器	1400	150	0
冲洗阀	800~1000	—	0
坐便器	150~250	—	0
洗衣机	1100~1200	—	0

注：上表为实际参考高度。同时注意不同实际情况的差异与要求。

4.8 卫生器具与排水管连接时排水管的管径与最小坡度

连接卫生器具的排水管管径与最小坡度，如果无设计要求时，需要符合表 4-5 的参考规定。

表 4-5 卫生器具与排水管连接时排水管的管径与最小坡度

卫生器具名称	排水管径 /mm	管道最小坡度（‰）
大便器	100	12
洗脸盆	32~50	20
小便器	45~50	20
浴盆、淋浴盆	50	20

4.9 大便槽的冲洗水槽、冲洗管与排水管管径

大便槽的冲洗水量、冲洗管、排水管管径，一般需要根据蹲位数、使用情况、冲洗周期等因素合理来设计确定。一般需要根据表 4-6 来参考确定。

表 4-6　大便槽的冲洗水槽、冲洗管与排水管管径的参考确定

蹲位数	每蹲位冲洗水量 /L	冲洗管管径 /mm	排水管管径 /mm
3~4	12	40	100
5~8	10	50	150
9~12	9	70	150

4.10 淋浴室地漏直径的设计选择

淋浴室地漏的直径，可以根据表 4-7 来参考确定。

表 4-7　淋浴室地漏直径的参考选择

地漏直径 /mm	淋浴器数量 / 个
50	1~2
75	3
100	4~5

注：当采用排水沟排水时，8 个淋浴器可以设计一个直径为 100mm 的地漏。

4.11 间接排水口最小空气间隙

设备间接排水，一般设计排入邻近的洗涤盆。如果不可能时，可以设计排水明沟、排水漏斗或容器。间接排水口最小空气间隙，一般需要根据表 4-8 来设计确定。

表 4-8　间接排水口最小空气间隙设计确定

间接排水管管径 /mm	排水口最小空气间隙 /mm
≤ 25	50
32~50	100
>50	150

注：饮料用贮水箱的间接排水口最小空气间隙，一般设计不得小于 150mm。

4.12 最低排水横支管与立管连接处到排水立管管底的垂直距离

排水立管仅设计设置伸顶通气管时，最低排水横支管与立管连接处距排水立管管底垂直距离，不得小于表 4-9 的参考规定。

表 4-9　最低排水横支管与立管连接处至排水立管管底的垂直距离

立管连接卫生器具的层数 / 层	垂直距离 /m
≤ 4	0.45
5~6	0.75
7~12	1.2
13~19	3.0
≥ 20	6.0

注：当与排出管连接的立管底部放大一号管径或横干管比连接的立管大一号管径时，可将表中垂直距离缩小一档。如果排水管道外表面可能结露，则需要根据构筑物性质、使用要求，设计采取防结露措施。

4.13 厂房内排水管的最小埋设深度

在一般的厂房内，为了防止管道受机械损坏，设计排水管的最小埋设深度，可以根据表4-10来确定。

表4-10 厂房内排水管的最小埋设深度

管材	地面至管顶的距离 /m	
	素土夯实、缸砖、木砖地面	水泥、混凝土、沥青混凝土、菱苦土地面
排水铸铁管	0.70	0.40
混凝土管	0.70	0.50
带釉陶土管	1.00	0.60
硬聚氯乙烯管	1.00	0.60

注：1. 在铁路下需要设计敷设钢管或给水铸铁管，管道的埋设深度从轨底到管顶距离不得小于1.0m。

2. 在管道有防止机械损坏措施或不可能受机械损坏的情况下，其埋设深度可小于有关的规定值。

4.14 卫生器具的排水流量与当量，以及排水管的管径、最小坡度

卫生器具的排水流量、当量和排水管的管径、最小坡度，可以根据表4-11来参考确定。

表4-11 卫生器具的排水流量、当量和排水管的管径、最小坡度

卫生器具名称	排水流量 /（L/s）	当量	排水管	
			管径 /mm	最小坡度
污水盆（池）	0.33	1.0	50	0.025
单格洗涤盆（池）	0.67	2.0	50	0.025
双格洗涤盆（池）	1.0	3.0	50	0.025
洗手盆、洗脸盆（无塞）	0.1	0.3	32~50	0.020
洗脸盆（有塞）	0.25	0.75	32~50	0.020
浴盆	1.0	3.0	50	0.020
淋浴器	0.15	0.45	50	0.020
大便器高水箱	1.5	4.5	100	0.012
大便器低水箱冲落式	1.5	4.5	100	0.012
大便器低水箱虹吸式	2.0	6.0	100	0.012
大便器自闭式冲洗阀	1.5	4.5	100	0.012
小便器手动冲洗阀	0.05	0.15	40~50	0.02
小便器自闭式冲洗阀	0.1	0.3	40~50	0.02
小便器自动冲洗水箱	0.17	0.5	40~50	0.02

（续）

卫生器具名称	排水流量/（L/s）	当量	排水管	
			管径/mm	最小坡度
小便槽（每米长）手动冲洗阀	0.05	0.15	—	—
小便槽（每米长）自动冲洗水箱	0.17	0.5	—	—
化验盆（无塞）	0.2	0.6	40~50	0.025
净身器	0.1	0.3	40~50	0.02
饮水器	0.05	0.15	25~50	0.01~0.02
家用洗衣机	0.5	1.5	50	—

注：家用洗衣机排水软管，直径可以参考设计为30mm。

4.15 设有通气的生活排水立管最大排水能力

生活排水立管的最大排水能力，需要根据表4-12、表4-13来设计确定。但是立管管径的设计不得小于所连接的横支管管径。

表4-12 设有通气的生活排水立管最大排水能力

生活排水立管管径/mm	排水能力/（L/s）	
	无专用通气立管	有专用通气立管或主通气立管
50	1.0	-
75	2.5	5
100	4.5	9
125	7.0	14
150	10.0	25

表4-13 不通气的生活排水立管的最大排水能力

立管工作高度/m	排水能力/（L/s）			
	立管管径/mm			
	50	75	100	125
≤2	1.0	1.70	3.80	5.0
3	0.64	1.35	2.40	3.4
4	0.50	0.92	1.76	2.7
5	0.40	0.70	1.36	1.9
6	0.40	0.50	1.00	1.5
7	0.40	0.50	0.76	1.2
≥8	0.40	0.50	0.64	1.0

注：1. 排水立管工作高度，需要根据最高排水横支管、立管连接点到排出管中心线间的距离来计算设计。

2. 如果排水立管工作高度在表中列出的两个高度值间时，可以采用内插法求得排水立管的最大排水能力数值。

4.16 污水横管的直线管段上检查口或清扫口间的最大距离设计要求

在污水横管上设计清扫口，需要将清扫口设置在楼板或地坪上与地面相平。污水管起点的清扫口与污水横管相垂直的墙面的距离，设计不得小于0.15m。污水管起点设计设置堵头，代替清扫口时，堵头与墙面应设计不小于0.4m的距离。污水横管的直线管段上检查口或清扫口间的最大距离设计要求见表4-14。

表 4-14　污水横管的直线管段上检查口或清扫口间的最大距离

管道管径 /mm	清扫设备种类	距离 /m		
		生产废水	生活污水及与生活污水成分接近的生产污水	含有大量悬浮物和沉淀物的生产污水
50~75	——检查口 ——清扫口	15 10	12 8	12 6
100~150	——检查口 ——清扫口	20 15	15 10	12 3
200	检查口	25	20	15

4.17 排水管道的最大计算充满度

排水管道的最大计算充满度，可以根据表 4-15 来设计确定。

表 4-15　排水管道的最大计算充满度

排水管道名称	排水管道管径 /mm	最大计算充满度 / 以管径计
工业废水排水管	50~75	0.6
工业废水排水管	100~150	0.7
生产废水排水管	200 及 200 以上	1.0
生产污水排水管	150 以下	0.5
生产污水排水管	200 及 200 以上	0.8
生活污水排水管	150~200	0.6

注：排水沟最大计算充满度为计算断面深度的 0.8。生活污水的最大小时流量与生活用水的最大小时流量相同，需要按有关规范规定来计算确定。生活污水排水定额及小时变化系数与生活用水定额相同，需要根据有关规范规定来设计确定。工业废水的最大小时流量和设计秒流量，需要根据工艺要求来计算确定。

4.18 污水立管或排出管上的清扫口到室外检查井中心的最大长度

从污水立管或排出管上的清扫口到室外检查井中心的最大长度，可以根据表 4-16 来参考确定。

表 4-16　污水立管或排出管上的清扫口到室外检查井中心的最大长度

管径 /mm	50	75	100	100 以上
最大长度 /m	10	12	15	20

4.19 公称通径尺寸所相当的管螺纹尺寸

公称通径尺寸所相当的管螺纹尺寸见表 4-17。

表 4-17　公称通径尺寸所相当的管螺纹尺寸

mm	in	mm	in	mm	in	mm	in	mm	in
8	1/4"	20	3/4"	40	1 1/2"	80	3"	150	6"
10	3/8"	25	1"	50	2"	100	4"	200	8"
15	1/2"	32	1 1/4"	65	2 1/2"	125	5"	250	10"

4.20 通气管最小管径的设计选择

通气管的管径，需要根据排水管排水能力、管道长度来设计确定，一般不宜设计小于排水管管径的1/2，其最小管径可根据表4-18来参考确定。

表4-18 通气管最小管径

通气管名称	排水管管径/mm						
	32	40	50	75	100	125	150
器具通气管	32	32	32	—	50	50	—
环形通气管	—	—	32	40	50	50	—
通气立管	—	—	40	50	75	100	100

注：1. 通气立管长度在50m以上者，其管径需要与排水立管管径相同。
2. 两个及两个以上排水立管同时与一根通气立管相连时，需要以最大一根排水管确定通气立管管径，并且管径不宜小于其余任何一根排水立管的管径。
3. 结合通气管的管径，不宜设计小于通气立管管径。

4.21 泵房室内间距的要求

泵房内，一般需要设计预留足够空间，以满足水泵机组、相关设备安装及检修的要求。泵房室内布置，需要设计符合表4-19的有关规定。

表4-19 泵房室内间距的要求

项　　目	间距要求
水泵机组外轮廓面与墙面间最小间距	1.0m
相邻水泵机组外轮廓面间最小间距	0.6m
泵房主要通道最小宽度	1.2m

4.22 化粪池的设计容积的要求

化粪池的设计容积的要求如下：

（1）每人每日污水量、污泥量，需要根据表4-20来确定。

（2）污泥含水率一般应为95%，经沉淀后一般应为90%。

（3）腐化期间污泥减缩量一般应为20%。

（4）污水在化粪池内停留时间，需要根据污水量多少，一般设计采用12~24h。

（5）污泥清挖周期，根据污水温度高低、当地气候条件，一般设计采用3~12个月。

（6）清除污泥时遗留的污泥量，一般应为20%。

表4-20 每人每日污水量与污泥量

分　　类	粪便污水与生活废水合流排出	粪便污水单独排出
每人每日污水量/L	与用水量相同	20~30
每人每日污泥量/L	0.7	0.4

4.23 排雨水设计要求

排雨水设计的一些要求如下：

（1）排雨水入敞开系统的工业废水量，如果大于 5% 的雨水，则设计时，需要将其水量计算在内。

（2）屋面的汇水面积，需要根据屋面的水平投影面积来设计计算。窗井、贴近高层建筑外墙的地下汽车库出入口坡道、高层建筑裙房，需要附加高层侧墙面积的 1/2 折算为屋面的汇水面积。

（3）雨水悬吊管的敷设坡度，不得小于 0.005。埋地雨水管道的最小坡度，需要根据有关规范的工业废水管道坡度的规定来设计。

（4）屋面雨水斗的设计泄流量，不得大于表 4-21 中规定的雨水斗最大泄流量。

表 4-21　屋面雨水斗最大泄流量

雨水斗规格 /mm	100	150
一个雨水斗泄流量 /（L/s）	12	26

注：长天沟的雨水斗，需要根据雨水量另行设计。

（5）雨水立管的设计泄流量，不得大于表 4-22 中规定的雨水立管最大设计泄流量。

表 4-22　雨水立管最大设计泄流量

管径 /mm	最大设计泄流量 /（L/s）
100	19
150	42
200	75

（6）雨水悬吊管、埋地雨水管道的最大计算充满度，可以根据表 4-23 参考确定。

表 4-23　雨水悬吊管与埋地雨水管道的最大计算充满度

名称	管径 /mm	最大计算充满度
悬吊管	—	0.8
密闭系统的埋地管	—	1.0
敞开系统的埋地管	≤ 300	0.5
	350~450	0.65
	≥ 500	0.80

4.24 热水设计要求

热水设计的一些要求如下：

（1）生产用热水水量、水温、水质，需要根据工艺要求来设计确定。

（2）集中供应冷、热水时，热水用水定额，需要根据卫生器具完善程度、地区条件等有关的规定来设计确定。

（3）卫生器具的一次与小时热水用水量、水温，可以根据表 4-24 来参考确定。

表 4-24　60℃热水用水定额

名　称	单　位	用水定额（最高值）/L
普通住宅、每户设有淋浴设备	每人每日	85~130
高级住宅和别墅、每户设有淋浴设备	每人每日	110~150
集体宿舍——有盥洗室	每人每日	27~38
——有盥洗室和浴室	每人每日	38~55

（续）

名　　称	单　位	用水定额（最高值）/L
普通旅馆、招待所——有盥洗室 ——有盥洗室和浴室 ——设有浴盆的客房	每床每日 每床每日 每床每日	27~55 55~110 110~162
宾馆　　客房	每床每日	160~215
医院、疗养院、休养所——有盥洗室 ——有盥洗室和浴室 ——设有浴盆的病房	每病床每日 每病床每日 每病床每日	30~65 65~130 160~215
门诊部、诊疗所	每病人每次	5~9
公共浴室　设有淋浴器、浴盆、浴池及理发室	每顾客每次	55~110
理发室	每顾客每次	5~13
洗衣房	每公斤干衣	16~27
公共食堂——营业食堂 ——工业、企业、机关、学校食堂	每顾客每次 每顾客每次	4~7 3~5
幼儿园、托儿所——有住宿 ——无住宿	每儿童每日 每儿童每日	16~32 9~16
体育场　运动员淋浴	每人每次	27

注：表中60℃热水水温为计算温度。卫生器具使用时的热水水温见表4-25。

表4-25　卫生器具的一次和小时热水用水定额及水温

卫生器具名称	一次用水量/L	小时用水量/L	水温/℃
住宅、旅馆——带有淋浴器的浴盆 ——无淋浴器的浴盆 ——淋浴器 ——洗脸盆、盥洗槽水龙头 ——洗涤盆（池）	150 125 70~100 3 —	300 250 140~200 30 180	40 40 37~40 30 50
集体宿舍　淋浴器——有淋浴小间 ——无淋浴小间 ——盥洗槽水龙头	70~100 — 3~5	210~300 450 50~80	37~40 37~40 30
公共食堂——洗涤盆（池） ——洗脸盆：工作人员用 顾客用 ——淋浴器	— 3 — 40	250 60 120 400	50 30 30 37~40
幼儿园、托儿所　浴盆——幼儿园 ——托儿所 ——淋浴器：幼儿园 托儿所 ——盥洗槽水龙头 ——洗涤盆（池）	100 30 30 15 1.5 —	400 120 180 90 25 180	35 35 35 35 30 50
医院、疗养院、休养所——洗手盆 ——洗涤盆（池） ——浴盆	— — 125~150	15~25 300 250~300	35 50 40

（续）

卫生器具名称	一次用水量 /L	小时用水量 /L	水温 /℃
公共浴室——浴盆 ——淋浴盆：有淋浴小间 无淋浴小间 ——洗脸盆	125 100~150 — 5	250 200~300 450~540 50~80	40 37~40 37~40 35
理发室　洗脸盆	—	35	35
实验室——洗脸盆 ——洗手盆	— —	60 15~25	50 30
剧院——淋浴器 ——演员用洗脸盆	60 5	200~400 80	37~40 35
体育场　淋浴器	30	300	35
工业企业生活间——淋浴器： 一般车间 脏车间 ——洗脸盆或盥洗槽水龙头： 一般车间 脏车间	 40 60 3 5	 360~540 180~480 90~120 100~150	 37~40 40 30 35
净身器	10~15	120~180	30

（4）冷水的计算温度，需要以当地最冷月平均水温资料来确定。当无水温资料时，可以根据表 4-26 来参考采用。

（5）热水锅炉或水加热器出口的最高水温、配水点的最低水温，可以根据表 4-27 来设计采用。

（6）集中热水供应系统中的贮水器容积，需要根据日热水用水量小时变化曲线，及锅炉、水加热器的工作制度、供热量以及自动温度调节装置等因素来计算设计确定。对贮水器的贮热量不得小于表 4-28 的规定。

表 4-26　冷水计算温度

分区	地面水水温 /℃	地下水水温 /℃
第 1 分区	4	6~10
第 2 分区	4	10~15
第 3 分区	5	15~20
第 4 分区	10~15	20
第 5 分区	7	15~20

注：分区的具体划分，需要根据现行的《室外给水设计规范》的规定来设计确定。

表 4-27　热水锅炉或水加热器出口的最高水温和配水点的最低水温

水质处理情况	热水锅炉和水加热器出口最高水温 /℃	配水点最低水温 /℃
原水水质无需软化处理，原水水质需水质处理且有水质处理	75	50
原水水质需水质处理但未进行水质处理	60	50

注：当热水供应系统只提供淋浴、盥洗用水，不提供洗涤盆（池）洗涤用水时，配水点最低水温可以设计不低于 40℃。

表 4-28 贮水器的贮热量

加热设备	工业企业淋浴室不小于	其他建筑物不小于
半容积式水加热器	15min 设计小时耗热量	15min 设计小时耗热量
容积式水加热器或加热水箱	30min 设计小时耗热量	45min 设计小时耗热量
有导流装置的容积式水加热器	20min 设计小时耗热量	30min 设计小时耗热量

注：1. 当热媒根据设计秒流量供应，并且有完善可靠的温度自动调节装置时，可以不计算贮水器容积。

2. 半即热式、快速式水加热器用于洗衣房或热源供应不充分时，也应设计贮水器贮热量，其贮热量同有导流装置的容积式水加热器。

（7）膨胀管的设置要求与管径的选择，需要符合的一些要求如下：

1）膨胀管如有冻结可能时，则需要设计采取保温措施。

2）膨胀管上严禁设计装设阀门。

3）膨胀管的最小管径，宜根据表 4-29 设计确定。

表 4-29 膨胀管最小管径的设计确定

锅炉或水加热器传热面积 /m^2	<10	≥ 10 且 <15	≥ 15 且 <20	≥ 20
膨胀管最小管径 /mm	25	32	40	50

注：对多台锅炉或水加热器，一般需要分设膨胀管。

（8）生活用热水的水质，需要符合现行的《生活饮用水卫生标准》的有关要求来设计。

（9）集中热水供应系统的热水在加热前的水质处理，需要根据水质、水量、水温、使用要求等因素经过技术经济比较确定设计。

（10）容积式水加热器或加热水箱，当冷水从下部进入，热水从上部送出，其计算容积一般需要附加 20%~25%。当采用半容积式水加热器时，或带有强制罐内水循环装置的容积式水加热器时，其计算容积可不附加。当采用有导流装置的容积式水加热器时，其计算容积需要附加 10%~15%。

（11）对建筑用水，一般需要进行水质处理。根据 60℃计算的日用水量大于或等于 10m^3 时，原水总硬度（以碳酸钙计）大于 357mg/L 时，洗衣房用水需要进行水质处理，其他建筑用水需要进行水质处理。根据 60℃计算的日用水量小于 10m^3 时，其原水可不进行水质处理。对溶解氧控制要求较高时，可以采取除氧措施。

4.25 饮水定额与小时变化系数

饮水定额与小时变化系数，需要根据建筑物的性质、地区的条件，具体见表 4-30 来设计确定。

表 4-30 饮水定额与小时变化系数

名称	单位	饮水定额 /L	K_h
办公楼	每人每班	1~2	1.5
工厂生活间	每人每班	1~2	1.5
集体宿舍	每人每日	1~2	1.5
教学楼	每学生每日	1~2	2.0
热车间	每人每班	3~5	1.5
体育馆（场）	每观众每日	0.2	1.0
一般车间	每人每班	2~4	1.5
医 院	每病床每日	2~3	1.5
影剧院	每观众每场	0.2	1.0
招待所、旅馆	每客人每日	2~3	1.5

注：小时变化系数系指饮水供应时间内的变化系数。

4.26 人体电阻

人体电阻与皮肤的状态、触电的状况有关。人体电阻一般不低于500Ω。不同条件下，人体电阻见表4-31。

表 4-31 不同条件下人体电阻

接触电压 /V	人体电阻 /Ω			
	皮肤干燥	皮肤潮湿	皮肤湿润	皮肤浸入水中
10	7000	3500	1200	600
25	5000	2500	1000	500
50	4000	2000	875	440
100	3000	1500	770	375
250	1500	1000	650	325

4.27 保护接地电阻、重复接地电阻、工作接地电阻、防雷接地电阻的电阻值

保护接地电阻、重复接地电阻、工作接地电阻、防雷接地电阻的电阻值如下：

（1）工作接地电阻值、保护接地电阻值，不大于4Ω。

（2）重复接地电阻值，不大于10Ω。

（3）防雷接地电阻值，不大于30Ω。

4.28 电压允许偏差

根据《供配电系统设计规范》规定，正常运行情况下，用电设备端子处电压偏差需要符合下列要求：

（1）电动机电压允许偏差为±5%。

（2）照明：在一般工作场所电压允许偏差为±5%；对于远离变电站的小面积一般工作场所，难以满足上述要求时，电压允许偏差可为+5%，-10%；应急照明、道路照明、警卫

照明等电压允许偏差为 + 5%，−10%。

（3）其他用电设备当无特殊规定时，电压允许偏差为 ±5%。

根据《电能质量　供电电压偏差》（GB/T 12325—2008）规定：

1）35kV 及以上供电电压正、负偏差的绝对值之和不超过标称电压的 10%。

2）20kV 及以下三相供电电压偏差为标称电压的 ±7%。

3）220V 单相供电电压偏差为标称电压的 + 7%、−10%。

4）对供电点短路容量较小、供电距离较长以及对供电电压偏差有特殊要求的用户，由供、用电双方协议确定。

4.29　用电设备端子电压偏差允许值

用电设备端子电压偏差允许值见表 4-32。

变压器低压母线配出回路的动力干线，到动力配电箱（柜）的电压损失不宜超过 2%，照明干线不宜超过 1%，室外线路不宜超过 2.5%。

室外照明分支线电压损失不宜超过 4%。

照明分支线不宜超过 2%。

表 4-32　用电设备端子电压偏差允许值

用电设备名称	电压偏差允许值（%）		用电设备名称	电压偏差允许值（%）	
电动机	正常情况下	5	照明灯	一般工作场所	5
	特殊情况下	+5		远离变电站的场所小面积的一般场所	+5
		−10			−10
	频繁起动时	−10		应急、道路、警卫、照明安全特低压场所	+5
	不频繁起动时	5			−10
	配电母线上没有接照明等对电压波动较敏感的负荷，并且不频繁起动时	−20		正常情况下	5
			其他用电设备无特殊要求时		5

4.30　电线接头留量长度数据

电线接头留量长度数据图解如图 4-3 所示。

图 4-3　电线接头留量长度数据图解

4.31　开关高度数据

开关高度数据图解如图 4-4 所示。

图 4-4　开关高度数据图解

4.32 一般插座高度数据

一般插座高度数据图解如图 4-5 所示。

图 4-5　一般插座高度数据图解

4.33 强电电管与弱电电管间距数据

强电电管与弱电电管间距数据图解如图 4-6 所示。

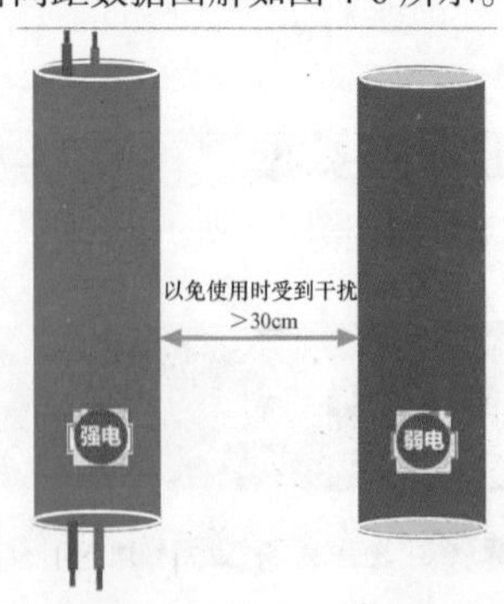

图 4-6　强电电管与弱电电管间距数据图解

4.34 电线、电缆线芯允许长期工作温度

电线、电缆在不同负荷率 K_p 时的实际工作温度 θ 参考值见表 4-33。

表 4-33 电线、电缆线芯允许长期工作温度

电线、电缆类型	线芯允许长期工作温度 /℃
不滴流油浸纸绝缘电力电缆带绝缘 10kV	65
不滴流油浸纸绝缘电力电缆带绝缘 35kV	80
不滴流油浸纸绝缘电力电缆带绝缘 6kV	65
不滴流油浸纸绝缘电力电缆单芯及分相铅包 1~6kV	80
不滴流油浸纸绝缘电力电缆单芯及分相铅包 10kV	70
交联聚乙烯绝缘电力电缆 1~10kV	90
交联聚乙烯绝缘电力电缆 35kV	80
裸铝、铜母线或裸铝、铜绞线	70
塑料绝缘电线 500V	70
通用橡套软电缆 500V	65
橡皮绝缘电力电缆 500V	65
橡皮绝缘电线 500V	65
乙丙橡皮绝缘电缆	90
粘性油浸纸绝缘电力电缆 1~3kV	80
粘性油浸纸绝缘电力电缆 10kV	60
粘性油浸纸绝缘电力电缆 35kV	50
粘性油浸纸绝缘电力电缆 6kV	65

4.35 电线校正系数

环境空气温度不等于 30℃时的电线校正系数见表 4-34。

表 4-34 电线校正系数

环境空气温度 /℃	环境空气温度不等于 30℃时的校正系数			
	绝 缘			
	PVC 聚氯乙烯	XLPE 或 EPR 交联聚乙烯或乙丙橡胶	矿物绝缘	
			PVC 外护层与允许接触的裸护套（70℃）	不允许接触的裸护套（150℃）
10	1.22	1.15	1.26	1.14
15	1.17	1.12	1.20	1.11
20	1.12	1.08	1.14	1.07
25	1.06	1.04	1.07	1.04
35	0.94	0.96	0.93	0.96
40	0.87	0.91	0.85	0.92
45	0.79	0.87	0.77	0.88
50	0.71	0.82	0.67	0.84
55	0.61	0.76	0.57	0.80
60	0.50	0.71	0.45	0.75
65	—	0.65	—	0.70
70	—	0.58	—	0.65
75	—	0.50	—	0.60
80	—	0.41	—	0.54
85	—	—	—	0.47
90	—	—	—	0.40
95	—	—	—	0.32

4.36 电线塑料管敷设的载流量

电线塑料管敷设的参考载流量见表 4-35、表 4-36。

表 4-35　橡皮绝缘电线穿塑料管敷设的载流量　　（单位：A）

导线截面积 / mm^2	BLX-500 BLFX-500															BX-500 BXF-500														
	两根单芯				管径 /mm	三根单芯				管径 /mm	四根单芯				管径 /mm	两根单芯				管径 /mm	三根单芯				管径 /mm	四根单芯				管径 /mm
	25℃	30℃	35℃	40℃		25℃	30℃	35℃	40℃		25℃	30℃	35℃	40℃		25℃	30℃	35℃	40℃		25℃	30℃	35℃	40℃		25℃	30℃	35℃	40℃	
1.0																13	12	11	10	16	12	11	10	9	16	11	10	9	8	20
1.5																17	15	14	13	16	16	14	13	12	16	14	13	12	11	20
2.5	19	17	16	15	20	17	15	14	13	20	15	14	12	11	20	25	23	21	19	20	22	20	19	17	20	20	18	17	15	20
4	25	23	21	19	20	23	21	19	18	20	20	18	17	15	25	33	30	28	26	20	30	28	25	23	20	26	24	22	20	25
6	33	30	28	26	20	29	27	25	22	20	26	24	22	20	25	43	40	37	34	20	38	35	32	30	20	34	31	29	26	25
10	44	41	38	34	25	40	37	34	31	32	35	32	30	27	32	59	55	51	46	25	52	48	44	41	32	46	43	39	36	32
16	58	54	50	45	32	52	48	44	41	32	46	43	39	36	40	76	71	65	60	32	68	63	58	53	32	60	56	51	47	40
25	77	71	66	60	40	68	63	58	53	40	60	56	51	47	40	100	93	86	79	40	90	84	77	71	40	80	74	69	63	40
35	95	88	82	75	40	84	78	72	66	40	75	69	64	58	50	125	116	108	98	40	110	102	95	87	40	98	91	84	77	50
50	120	112	103	94	50	108	100	93	85	50	95	88	82	75	63	160	149	138	126	50	140	130	121	110	50	123	115	106	97	63
70	153	143	132	121	50	135	126	116	106	50	120	112	103	94	63	195	182	168	154	50	175	163	151	138	50	155	144	134	122	63
95	184	172	159	145	63	165	154	142	130	63						240	224	207	189	63	215	201	185	170	63					
120	210	196	181	166	63	190	177	164	150	63						278	259	240	219	63	250	233	216	197	63					

注：表中管径适用于以下条件，直管≤ 30m，一个弯≤ 20m，两个弯≤ 15m，超长应设拉线盒或增大一级管径。

表 4-36 聚氯乙烯绝缘电线穿塑料管敷设的载流量 （单位：A）

导线截面积/mm^2	BLV-500															BV-500														
	两根单芯				管径/mm	三根单芯				管径/mm	四根单芯				管径/mm	两根单芯				管径/mm	三根单芯				管径/mm	四根单芯				管径/mm
	25℃	30℃	35℃	40℃		25℃	30℃	35℃	40℃		25℃	30℃	35℃	40℃		25℃	30℃	35℃	40℃		25℃	30℃	35℃	40℃		25℃	30℃	35℃	40℃	
1.0																13	12	11	10	16	12	11	10	10	16	11	10	9	9	16
1.5																17	16	15	14	16	16	15	14	13	16	14	13	12	11	16
2.5	19	18	17	16	16	17	16	15	14	16	15	14	13	12	20	25	24	23	21	16	22	21	20	18	16	20	19	18	17	20
4	25	24	23	21	16	23	22	21	19	20	20	19	18	17	20	33	31	29	27	16	30	28	26	24	20	27	25	24	22	20
6	33	31	29	27	20	29	27	25	23	20	27	25	24	22	25	43	41	39	36	20	38	36	34	31	20	34	32	30	28	25
10	45	42	39	37	25	40	38	36	33	25	35	33	31	29	32	59	56	53	49	25	52	49	46	43	25	47	44	41	38	32
16	58	55	52	48	25	52	49	46	43	32	47	44	41	38	32	76	72	68	63	25	69	65	61	57	32	60	57	54	50	32
25	77	73	69	64	32	69	65	61	57	40	60	57	54	50	40	101	95	89	83	32	90	85	80	74	40	80	75	71	65	40
35	95	90	85	78	40	85	80	75	70	40	74	70	66	61	50	127	120	113	104	40	111	105	99	91	40	99	93	87	81	50
50	121	114	107	99	50	108	102	96	89	50	95	90	85	78	63	159	150	141	131	50	140	132	124	115	50	124	117	110	102	63
70	154	145	136	126	50	138	130	122	113	63	122	115	108	100	63	196	185	174	161	50	177	167	157	145	63	157	148	139	129	63
95	186	175	165	152	63	167	158	149	137	63	148	140	132	122	63	244	230	216	200	63	217	205	193	178	63	196	185	174	161	63
120	212	200	188	174	63											286	270	254	235	63										

注：表中管径适用于以下条件：直管≤ 30m，一个弯≤ 20m，两个弯≤ 15m，超长应设拉线盒或增大一级管径。

4.37 住宅电气 BV-500V 导线长期负荷允许载流量

住宅电气 BV-500V 导线长期负荷参考允许载流量见表 4-37。

表 4-37 住宅电气 BV-500V 导线长期负荷参考允许载流量

导线截面积 / mm^2	线芯结构			BV-500V 塑料绝缘导线长期允许载流量 /A（+30℃）						
	股数	单心直径 / mm	成品外径 / mm	明敷设	穿金属管			穿塑料管		
					2 根	3 根	4 根	2 根	3 根	4 根
1.0	1	1.13	2.6	18	13	12	10	11	10	9
1.5	1	1.37	3.3	22	18	16	15	15	14	12
2.5	1	1.76	3.7	30	25	22	21	22	20	18
4	1	3.24	4.2	39	33	29	26	29	26	23
6	1	2.73	4.8	51	44	38	35	38	34	30
10	7	1.33	6.6	70	61	53	47	52	46	41
16	7	1.68	7.8	98	77	68	61	67	61	53
25	19	1.28	9.6	128	100	89	80	89	80	70
35	19	1.51	10.9	159	124	107	98	112	98	87
50	19	1.81	13.2	201	154	136	121	140	123	109
70	49	1.33	14.9	248	192	171	154	173	156	138
95	84	1.20	17.3	304	234	210	187	215	192	173
120	133	1.08	18.1	—	266	248	215	248	224	201
150	137	2.24	22.0	—	299	276	252	285	262	234

4.38 住宅电气安装 1kV 电力电缆长期负荷允许载流量

住宅电气安装 1kV 电力电缆长期负荷参考允许载流量见表 4-38。

表 4-38 住宅电气安装 1kV 电力电缆长期负荷参考允许载流量

芯数 * 截面积 /mm^2	成品外径 /mm	铠装直埋敷设			空气中敷设		
		VLV_{22}	VV_{22}	YTV_{22}	VLV	VV	YTV
3*10	—	—	—	—	40	52	—
4*10	17.9	40	52	71	40	52	57
4*16	20.9	54	70	93	53	69	76
4*25	21.8	73	94	120	72	93	101
4*35	23.5	92	119	145	87	113	124
4*50	27.4	115	149	178	108	140	158
4*70	30.9	141	184	231	135	175	191
4*95	37.2	174	226	255	165	214	234
4*120	39.4	201	260	286	191	247	269
4*150	43.6	231	301	326	225	293	311
4*185	47.6	263	349	365	257	332	359

4.39 聚氯乙烯绝缘铠装电缆与交联聚乙烯绝缘电缆长期允许载流量

聚氯乙烯绝缘铠装电缆与交联聚乙烯绝缘电缆长期参考允许载流量见表 4-39。

表 4-39 聚氯乙烯绝缘铠装电缆与交联聚乙烯绝缘电缆长期参考允许载流量

导体截面积/mm^2	长期允许载流量 /A				
	1kV			10kV	35kV
	二芯	三芯	四芯	交联聚乙烯绝缘	交联聚乙烯绝缘
	聚氯乙烯绝缘	聚氯乙烯绝缘	聚氯乙烯绝缘		
4	35	30	29	—	—
6	43	38	37	—	—
10	56	51	50	—	—
16	76	67	65	90	—
25	100	88	85	105	90
35	121	107	110	130	115
50	147	133	135	150	135
70	180	162	162	185	165
95	214	190	196	215	185
120	247	218	223	245	210
150	277	248	252	275	230
185	—	279	284	325	250
240	—	324	—	375	—

4.40 电缆最小允许弯曲半径

电缆桥架转弯处的弯曲半径，不小于桥架内电缆最小允许弯曲半径。

电缆最小允许弯曲半径见表 4-40。

表 4-40 电缆最小允许弯曲半径

电缆类型	最小允许弯曲半径
多芯控制电缆	10D
交联聚乙烯绝缘电力电缆	15D
聚氯乙烯绝缘电力电缆	10D
无铅包钢铠护套的橡皮绝缘电力电缆	10D
有钢铠护套的橡皮绝缘电力电缆	20D

注：D 为电缆直径，取同架敷设电缆中最大的 D 值。

4.41 不同管径的 PVC 穿导线数量

不同管径的 PVC 穿导线数量见表 4-41。

表 4-41 不同管径的 PVC 穿导线数量

导线截面积 /mm²	2 根	3 根	4 根	5 根	6 根
1.0	16 PVC	16 PVC	16 PVC	16 PVC	16 PVC
1.5	16 PVC	16 PVC	16 PVC	20 PVC	20 PVC
2.5	16 PVC	16 PVC	16 PVC	20 PVC	20 PVC
4.0	16 PVC	16 PVC	20 PVC	20 PVC	25 PVC

注：同 PVC 管内 7 根导线以上，一般需要分管敷设。

4.42 住宅电气 BV500V 导线穿管的规格

住宅电气 BV500V 导线穿管参考规格见表 4-42。

表 4-42 住宅电气 BV500V 导线穿管参考规格

<table>
<tr><th rowspan="3">导线截面积 / mm²</th><th colspan="15">BV-500V 导线穿线管规格及管径 /mm</th></tr>
<tr><th colspan="3">2 根导线</th><th colspan="3">3 根导线</th><th colspan="3">4 根导线</th><th colspan="3">5 根导线</th><th colspan="3">6 根导线</th></tr>
<tr><th>MT</th><th>SC</th><th>PC</th><th>MT</th><th>SC</th><th>PC</th><th>MT</th><th>SC</th><th>PC</th><th>MT</th><th>SC</th><th>PC</th><th>MT</th><th>SC</th><th>PC</th></tr>
<tr><td>1</td><td colspan="2" rowspan="4">15</td><td rowspan="4">16</td><td colspan="2" rowspan="4">15</td><td rowspan="4">16</td><td colspan="2" rowspan="2">15</td><td rowspan="2">16</td><td colspan="2">15</td><td>16</td><td colspan="2">15</td><td>16</td></tr>
<tr><td>1.5</td><td rowspan="2">20</td><td rowspan="2">15</td><td rowspan="2">20</td><td>20</td><td>15</td><td>20</td></tr>
<tr><td>2.5</td><td rowspan="2">20</td><td rowspan="2">15</td><td rowspan="2">20</td><td rowspan="3">25</td><td colspan="2">20</td></tr>
<tr><td>4</td><td rowspan="2">20</td><td rowspan="2">20</td><td rowspan="2">25</td><td rowspan="2">20</td><td rowspan="2">25</td></tr>
<tr><td>6</td><td>20</td><td>15</td><td>20</td><td>20</td><td>15</td><td>20</td><td>25</td><td>20</td><td>25</td></tr>
<tr><td>10</td><td>25</td><td>20</td><td>25</td><td rowspan="2">32</td><td rowspan="2">25</td><td rowspan="2">32</td><td>32</td><td>25</td><td>32</td><td colspan="3">32</td><td>40</td><td>32</td><td rowspan="2">40</td></tr>
<tr><td>16</td><td rowspan="2">32</td><td rowspan="2">25</td><td rowspan="2">32</td><td>40</td><td>32</td><td rowspan="2">40</td><td>40</td><td>32</td><td>40</td><td>50</td><td>40</td></tr>
<tr><td>25</td><td>40</td><td>32</td><td>40</td><td>50</td><td>40</td><td>50</td><td>40</td><td>50</td><td colspan="3">50</td></tr>
<tr><td>35</td><td>40</td><td>32</td><td rowspan="2">40</td><td>50</td><td colspan="2">40</td><td colspan="3">50</td><td colspan="3">50</td><td>80</td><td>70</td><td>80</td></tr>
<tr><td>50</td><td>50</td><td>40</td><td colspan="3">50</td><td>80</td><td>70</td><td>80</td><td>80</td><td>70</td><td>80</td><td colspan="3">80</td></tr>
<tr><td>导线规格</td><td colspan="3">BV-500V-4*50+1*25</td><td colspan="3">BV-500V-4*70+1*35</td><td colspan="3">BV-500V-4*95+1*50</td><td colspan="3">BV-500V-4*120+1*70</td><td colspan="3">BV-500V-4*150+1*95</td></tr>
<tr><td>SC</td><td colspan="3">70</td><td colspan="3">80</td><td colspan="3">100</td><td colspan="3">100</td><td colspan="3">100</td></tr>
</table>

注：表中 SC 为普通钢管或镀锌钢管，MT 为电线管，PC 为阻燃塑料管。穿线管截面积按管内穿线总截面积的 3~4 倍计算。

4.43 常用导线穿线槽参考数量

常用导线穿线槽参考数量见表 4-43。

表 4-43 常用导线穿线槽参考数量

BVV 线截面积 /mm²	线槽规格				
	25×14	40×18	60×22	100×27	100×40
1.5	9	19	35	72	106
2.5	7	16	29	60	88
4.0	6	13	24	49	72
6.0	4	8	16	32	48
10	—	4	8	19	29
16	—	—	5	13	19

注：线槽导线数满槽率小于 40%。

4.44 明装塑料管（PVC）预制弯管与管路固定的距离要求

明敷设硬质阻燃塑料管（PVC） 配线与管道间最小距离见表 4-44。

表 4-44 明敷设硬质阻燃塑料管（PVC）配线与管道间最小距离

管道名称	穿管配线最小距离 /mm	绝缘导线明配线最小距离 /mm
暖、热水管——交叉	100	100
暖、热水管——平行	300（200）	300（200）
通风管、上下水压缩空气管——交叉	50	100
通风管、上下水压缩空气管——平行	100	200
蒸汽管——交叉	300	300
蒸汽管——平行	100（500）	100（500）

注：1. 有括号的为在管道下边的数据。

2. 达不到表中距离时，需要采取下列措施。

蒸汽管：在管外包隔热层后，上下平行净距可减到 200mm。交叉距离需要考虑便于维修，但管线周围温度应经常在 35℃以下。

暖、热水管：包隔热层。

4.45 明配导管管卡距离要求

明配的导管需要排列整齐，固定点间距均匀、安装牢固。终端弯头中点，柜、台、箱、盘等边缘的距离 150~500mm 范围内需要安装管卡，中间直线段管卡间的最大距离的设计要求见表 4-45。

明配导管管卡的最大间距要求见表 4-46。

表 4-45 中间直线段管卡间的最大距离的设计要求

方式	导管种类	导管直径 15~20mm	导管直径 25~32mm	导管直径 32~40mm	导管直径 50~65mm	导管直径 65mm 以上
沿墙明敷	刚性绝缘导管	1.0m	1.5m	1.5m	2.0m	2.0m

表 4-46 明配导管管卡的最大间距要求

敷设方式	导管种类	导管直径 /mm				
		15~20	25~32	32~40	50~65	65 以上
		管卡间最大距离 /m				
支架或沿墙明敷	壁厚＞ 2mm 刚性钢导管（焊接钢管等）	1.5	2.0	2.5	2.5	3.5
	壁厚≤ 2mm 刚性钢导管（KBG 管等）	1.0	1.5	2.0	—	—
	刚性绝缘导管	1.0	1.5	1.5	2.0	2.0

注：1. 明配导管固定点间距，需要均匀，安装牢固；在终端、弯头中点或柜、台、箱、盘等边缘的距离 150~500mm 范围内设计管卡。

2. 敷设在吊顶内的电线管路，当管径为 ϕ16~ϕ20 时，固定点间距可增加到 1.5m 为宜。

3. 扣压式薄壁刚性导管暗敷设在楼板内与钢筋绑扎固定点间距不应大于 1000mm，敷设在墙体内的管路固定点间距亦不应大于 1000mm。

4.46 电缆的降低系数

多回路直埋电缆的降低系数见表 4-47。

多回路或多根多芯电缆成束敷设的降低系数见表 4-48。

表 4-47 多回路直埋电缆的降低系数

回路数	电缆间的间距				
	无间距（电缆相互接触）	一根电缆外径	0.125m	0.25m	0.5m
2	0.75	0.80	0.85	0.90	0.90
3	0.65	0.70	0.75	0.80	0.85
4	0.60	0.60	0.70	0.75	0.80
5	0.55	0.55	0.65	0.70	0.80
6	0.50	0.55	0.60	0.70	0.80

表 4-48 多回路或多根多芯电缆成束敷设的降低系数

排列（电缆相互接触）	回路和多芯电缆数								
	1	2	3	4	5	6	7	8	9
嵌入或封闭式成束敷设在空气中的一个表面上	1	0.85	0.79	0.75	0.73	0.72	0.72	0.71	0.70
单层敷设在墙、地板或无孔托盘上	1	0.85	0.79	0.75	0.73	0.72	0.72	0.71	0.70
单层直接固定在木质天花板下	0.95	0.81	0.72	0.68	0.66	0.64	0.63	0.62	0.61
单层敷设在水平或垂直的有孔托盘上	1	0.88	0.82	0.77	0.75	0.73	0.73	0.72	0.72
单层敷设在梯架或夹板上	1	0.87	0.82	0.8	0.8	0.79	0.79	0.78	0.78

4.47 家用电器泄漏电流

家用电器参考泄漏电流见表 4-49。

一些家用电器正常泄漏电流见表 4-50。

表 4-49 家用电器泄漏电流

名称	形　式	泄漏电流 /mA
家用电器	手握式 I 级设备	≤ 0.75
	固定式 I 级设备	≤ 0.75
	Ⅱ级设备	≤ 0.25
	I 级电热设备	≤ 0.75~5
计算机	移动式	1.0
	固定式	3.5
	组合式	15.0
荧光灯	安装在金属构件上	0.1
	安装在木质或混凝土构件上	0.02

表 4-50 一些具体的家用电器正常泄漏电流

名称	泄漏电流 /mA	名称	泄漏电流 /mA
白炽灯	0.03	电热水器	0.25
电冰箱	1.5	空调器	0.75
电饭煲	0.5	抽油烟机	0.5
电熨斗	0.25	卫生间排气扇	0.06
洗衣机	0.75	微波炉	0.75
饮水机	0.25	电视机 +VCD	0.25

4.48 空调冷负荷概算指标

空调冷负荷概算参考指标见表 4-51。

表 4-51 空调冷负荷概算参考指标

类型、房间用途	冷负荷指标 / (W/m^2)	类型、房间用途	冷负荷指标 / (W/m^2)
办公	90~120	体育馆：比赛馆	120~250
餐馆	200~350	体育馆：观众休息厅（允许吸烟）	300~400
大会议室（不允许吸烟）	180~280	体育馆：贵宾室	100~200
弹子房	90~120	图书阅览室	75~100
公寓、住宅	80~90	舞厅（迪斯科）	250~350
会堂、报告厅	150~200	舞厅（交谊舞）	200~350
健身房、保龄球	100~200	西餐厅	160~2000
酒吧、咖啡厅	100~180	小会议室(少量吸烟)	200~300
科研、办公	90~140	影剧院：观众席	180~350
理发、美容	120~180	影剧院：化妆室	90~120
旅馆、客房(标准间)	80~110	影剧院:休息厅（允许吸烟）	300~400
商场、百货大楼	150~250	展览馆、陈列室	130~200
商店、小卖部	100~160	中餐厅、宴会厅	180~350
室内游泳池	200~350	中庭、接待	90~120

4.49 门店空调的增加值

一般情况下，可以根据门店房的面积，并通过以下公式来估算：

制冷量≈房间面积 ×（160~180W）

制热量≈房间面积 ×（240~280W）

然后由估算值，根据表 4-52 中列出的各种因素的影响值适当增加。

表 4-52 各种因素影响下制冷量、制热量的建议增加值（参考值）

因素	条件	增加值（制冷量）
玻璃门窗	> $5m^2$	$110W/m^2$
电器用量	> 30W	11W/10W
居住人数	> 5 人	130W/ 人
楼层朝向	阳照	$3W/m^2$
楼层结构	顶层	$17W/m^2$

4.50 空调制冷 / 制热量与适用房间面积适配参考数据

空调制冷 / 制热量与适用房间面积适配参考数据见表 4-53。

表 4-53　空调制冷 / 制热量与适用房间面积适配参考数据

制冷 / 制热量 /W	适用房间面积 /mm²				
	办公室 180~200	商店 220~240	娱乐场所 220~280	饭店 250~350	家庭 160~180
2500	10~15	8~12	6~12	6~12	12~18
2800	10~18	10~15	8~15	8~15	13~20
3200	15~22	15~18	10~16	10~16	14~22
4500	20~28	18~28	16~25	16~25	23~30
5000	22~32	18~30	20~30	18~28	25~35
6100	30~33	25~28	22~28	17~24	33~38
7000	35~39	29~32	25~29	20~28	39~43
7500	37~42	31~34	27~31	21~30	42~47
12000	60~67	50~55	43~50	34~48	67~75

4.51　数字通信用实心聚烯烃绝缘水平对绞电缆设计相关参考数据

数字通信用实心聚烯烃绝缘水平对绞电缆设计相关参考数据见表 4-54。

表 4-54　数字通信用实心聚烯烃绝缘水平对绞电缆设计相关参考数据

衰减工程设计用参考值（20℃）：100Ω 电缆的衰减（单位：dB/100m）						
电缆类别		3 类	4 类	5 类	5e 类	6 类
导线标称直径 /mm		0.4 或 0.5	0.5	0.5	0.5	>0.5
频率 / MHz	0.064	0.9	0.8	0.8	0.8	—
	0.256	1.3	1.1	1.1	1.1	—
	0.512	1.8	1.5	1.5	1.5	—
	0.772	2.2	1.9	1.8	1.8	1.6
	1	2.6	2.1	2.0	2.0	1.9
	4	5.6	4.3	4.1	4.1	3.7
	10	9.7	6.9	6.5	6.5	5.9
	16	13.1	8.9	8.2	8.2	7.5
	20	—	10.0	9.2	9.2	8.4
	31.25	—	—	11.7	11.7	10.6
	62.5	—	—	17.0	17.0	15.4
	100	—	—	22.0	22.0	19.8
	200	—	—	—	—	29.0
	250	—	—	—	—	32.8

（续）

近端串音衰减工程设计用参考值：100Ω 电缆						
电缆类别		100Ω 电缆的近端串音衰减 /（dB/100m）				
		3 类	4 类	5 类	5e 类	6 类
频率 / MHz	0.772	43	58	64	67	76
	1	41	56	62	65	74
	4	32	47	53	56	65
	10	26	41	47	50	59
	16	23	38	44	47	56
	20	—	37	43	46	55
	31.25	—	—	40	43	52
	62.5	—	—	35	38	47
	100	—	—	32	35	44
	200	—	—	—	—	40
	250	—	—	—	—	38
等电平远端串音衰减工程设计用参考值：100Ω 电缆						
电缆类别		100Ω 电缆的等电平远端串音衰减 /（dB/100m）				
		3 类	4 类	5 类	5e 类	6 类
频率 / MHz	1	39	55	61	64	68
	4	27	43	49	52	56
	10	19	35	41	44	48
	16	15	31	37	40	44
	20	—	29	35	38	42
	31.25	—	—	31	34	38
	62.5	—	—	25	28	32
	100	—	—	21	24	28
	200	—	—	—	—	22
	250	—	—	—	—	20

4.52 综合布线系统施工工艺标准电缆线槽与室内各种管道平行、交叉的最小净距设计要求

综合布线系统施工工艺标准电缆线槽与室内各种管道平行、交叉的最小净距设计要求见表 4-55。

表 4-55 综合布线系统施工工艺标准电缆线槽与室内各种管道平行、交叉的最小净距设计要求

管线种类	平行净距 /mm	垂直交叉净距 /mm
避雷引下线	1000	300
保护地线	50	20
热力管（不包封）	500	500
热力管（包封）	300	300
给水管	150	20
煤气管	300	20
压缩空气管	150	50

4.53 综合布线系统施工工艺直埋光缆与其他管线、建筑物的最小净距设计要求

综合布线系统施工工艺直埋光缆　　要求见表 4-56。
与其他管线、建筑物的最小净距设计

表 4-56　综合布线系统施工工艺直埋光缆与其他管线、建筑物的最小净距设计要求

其他管线及建筑物名称和其状况		最小净距 /m		备注
		平行时	交叉时	
市话通信电缆管道边线（不包括人孔或手孔）		0.75	0.25	—
非同沟敷设的直埋通信电缆		0.50	0.50	—
直埋电力电缆	电压小于 5kV	0.50	0.50	—
	电压大于 5kV	2.00	0.50	
给水管	管径 < 30cm	0.50	0.50	光缆采用钢管保护时，交叉时的最小净距可降为 0.15m
	管径为 30~50cm	1.00	0.50	
	管径 > 50cm	1.50	0.50	
煤气管	压力小于 $3kg/cm^2$	1.00	0.50	同给水管备注
	压力为 $3\sim8kg/cm^2$	2.00	0.50	
树木	灌木	0.75	—	—
	乔木	2.00	—	
高压石油、天然气管		10.00	0.50	同给水管备注
热力管或下水管		1.00	0.50	—
排水沟		0.80	0.50	—
建筑红线（或基础）		1.0	—	

4.54 综合布线管道与电磁干扰源间的最小距离设计要求

综合布线管道与电磁干扰源间的最小距离设计要求见表 4-57。

表 4-57　综合布线管道与电磁干扰源间的最小距离设计要求

干扰源	变压器及电动机	无线电发射设备	荧光灯	无屏蔽的电力线或电力设备			无屏蔽的电力线或电力设备		
				< 2kVA	2~5kVA	> 5kVA	< 2kVA	2~5kVA	> 5kVA
最小间距 /mm	1000	> 1500	300	130	310	610	70	150	150
布线管道材质	—	—	—	非金属布线管道			金属布线管道		

4.55 综合布线系统施工工艺直埋光缆的埋深设计要求

综合布线系统施工工艺直埋光缆的埋深设计要求见表 4-58。

表 4-58　综合布线系统施工工艺直埋光缆的埋深设计要求

光缆敷设的地段或土质	埋设深度 /m	备　注
市区、城镇的一般场所	≥ 1.2	不包括车行道
街坊内、人行道下	≥ 1.0	包括绿化地带
穿越铁路、道路	≥ 1.2	距轨底或路面
普通土质（硬土等）	≥ 1.2	—
沙砾土质（半石质土等）	≥ 1.0	—

4.56 综合布线系统施工工艺对绞电缆与电力线路最小净距设计要求

综合布线系统施工工艺对绞电缆与电力线路最小净距设计要求见表 4-59。

表 4-59 综合布线系统施工工艺对绞电缆与电力线路最小净距设计要求

条件 \ 范围 \ 单位	最小净距 /mm		
	380V <2kVA	380V 2.5~5kVA	380V >5kVA
对绞电缆与电力电缆平行敷设	130	300	600
有一方在接地的金属线槽或钢管中	70	150	300
双方均在接地的金属线槽或钢管中	①	80	150

① 双方都在接地的金属线槽或钢管中，且平行长度小于 10m 时，最小净距可为 10mm，表中对绞电缆如采用屏蔽电缆时，最小净距可适当减小，并符合设计要求。

4.57 综合布线系统施工工艺光缆的最大安装张力与最小安装半径设计要求

综合布线系统施工工艺光缆的最大安装张力与最小安装半径设计要求见表 4-60。

表 4-60 综合布线系统施工工艺光缆的最大安装张力与最小安装半径设计要求

光纤根数	张力 /kg	半径 /cm
4	45	5.08
6	56	7.60
12	67.5	7.62

4.58 综合布线系统施工工艺设计要求

每一楼层的配线柜都应单独布线至接地体。接地导线截面积与距离远近、插座数量、专线条数、工作站数量（个）等有关，见表 4-61。

表 4-61 综合布线系统施工工艺楼层配线设备至大楼总接地体的距离设计要求

名 称	楼层配线设备至大楼总接地体的距离	
	≤ 30m	≤ 100m
信息点的数量	≤ 75	> 75，≤ 450
工作区的面积 /mm^2	≤ 750	> 750，≤ 4500
绝缘铜导线的截面积 /mm^2	6~16	16~50

4.59 综合布线系统施工工艺光纤连接类型的熔接数值

综合布线系统施工工艺光纤连接类型的熔接数值见表 4-62。

表 4-62 综合布线系统施工工艺光纤连接类型的熔接数值

连接类别	多模 /dB		单模 /dB	
	平均值	最大值	平均值	最大值
熔接	0.15	0.3	0.15	0.3

4.60 光强为 20000cd 的几种射灯的参数

光强为 20000cd 的几种射灯的参数见表 4-63。

表 4-63 光强为 20000cd 的几种射灯的参数

灯　具	光强 /cd	光束角
60W PAR38 射灯	20000	10°
35W PAR36 低压卤钨射灯	20000	8°
50W PAR36 低压钨丝射灯（窄光束）	20000	6°

第 5 章

精设计——施工不得不懂

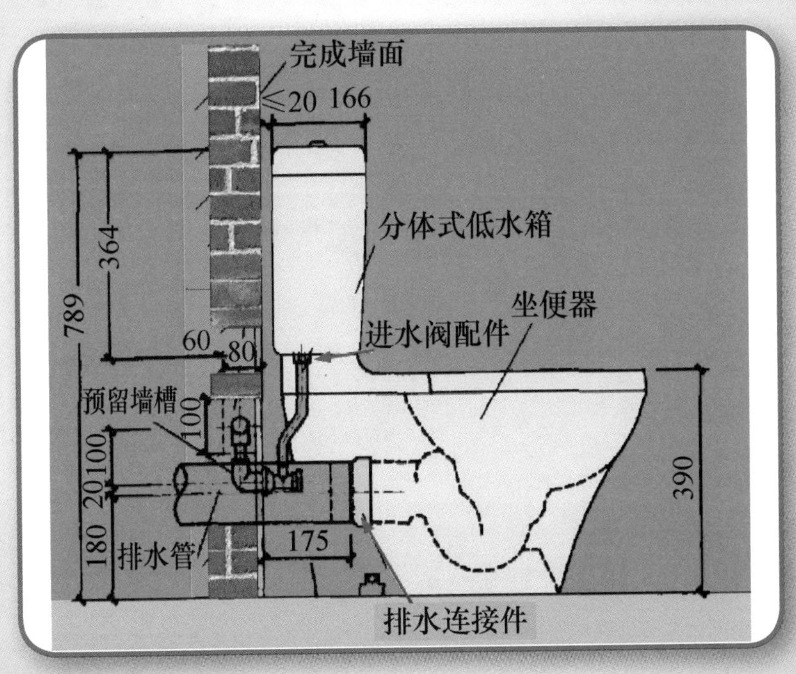

5.1 装修水电的类型

装修水电的类型如下：

半改——半改也就是改造一半的水电施工，主要是改造插座、开关、部分水施工、部分电施工等。半改一般需要根据施工工艺与实际要求进行调整。

美改——一般是指房屋开发商穿好的线能用则用，主要是增加开关插座就近接线，进水排水一般重新布置。美改施工，一般包括前期预埋、后期安装（一般不含安装水晶灯、坐便器、浴室柜）等。

全改——全改也就是房屋开发商穿好的线等均不考虑利用，重新改造，重新设计施工。

5.2 装修施工的一般流程与工种搭配

装修施工的一般流程与工种搭配见表 5-1。

装修施工的一般流程图解如图 5-1 所示。

表 5-1 装修施工的一般流程与工种搭配

流程步骤	内容	解 说
（1）	首先是办理入场手续	一般而言，办入场手续需要装修队负责人的身份证原件与复印件、装修公司营业执照复印件、装修公司建筑施工许可证复印件、业主身份证原件与复印件、装修押金等
（2）	接下来是敲墙	敲墙面积的大小的计算、具体位置的确定
（3）	敲完墙后，垃圾清理完毕，泥水工进场	泥水工主要负责砌墙、批灰、零星修补、做防水、地面找平、贴瓷砖、装地漏等，砌墙、批灰都要用到水泥砂浆，区别在于比例不同，砌墙、批灰是泥水工的前期工作
（4）	泥水工砌墙后批灰前，水电工同时进场进行水电改造	水电改造的主要工作有水电定位、打槽、埋管、穿线等
（5）	水电改造完成后木工进场	水电改造完成后木工进场，木工一般会看图、复核尺寸、检验材料等
（6）	油漆工要在泥水工批完灰，墙面干透之后进场批腻子，也就是进度表中所说的油漆第一阶段，如装石膏线的，也同时在这个时候装，装石膏线是油漆工的工作	装修刷漆如果是一遍底漆两遍面漆，则必须用砂纸打磨墙面 3 次，第 1 次打磨是在批完腻子开始刷第一遍底漆前，务必用砂纸将批完腻子且已经干透的墙面打磨一遍；第 2 次打磨是在刷完底漆且干透刷第 1 遍面漆前，该次用的砂纸最好是比第一遍打磨的砂纸标号高一些；第 3 遍是在刷完第 1 遍面漆且干透后刷第 2 遍面漆前，该次必须用高标号的砂纸打磨墙面 每一种油漆的加水比例都有一定限制，具体施工要求有差异

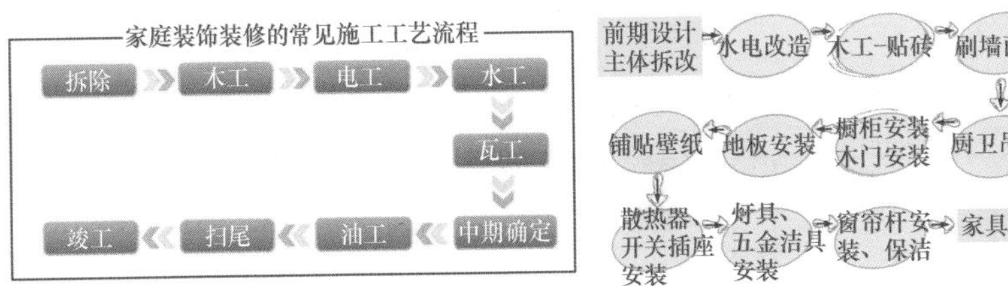

图 5-1 装修施工的一般流程图解

5.3 水电改造的施工

水电改造（水电工施工）的一般流程图解如图 5-2 所示。

水电改造的主要工作的特点如下：

（1）水电改造的第一步是水电定位，也就是根据需要定出全屋开关插座的位置、水路接口的位置。水电工，需要根据开关、插座、水龙头的位置，根据图把线路走向与其连接起来。因此，水电设计需要把水电定位的尺寸数据明确标识在图上，并且要正确，不遗漏。水电定位时，需要首先确定基准线，图解如图 5-3 所示。

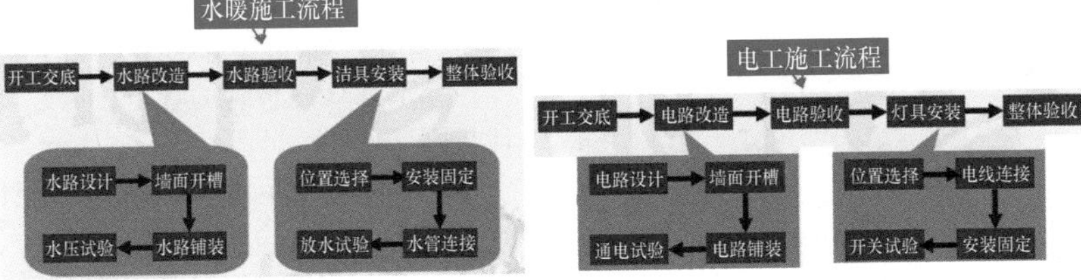

图 5-2 水电改造（水电工施工）的一般流程图解

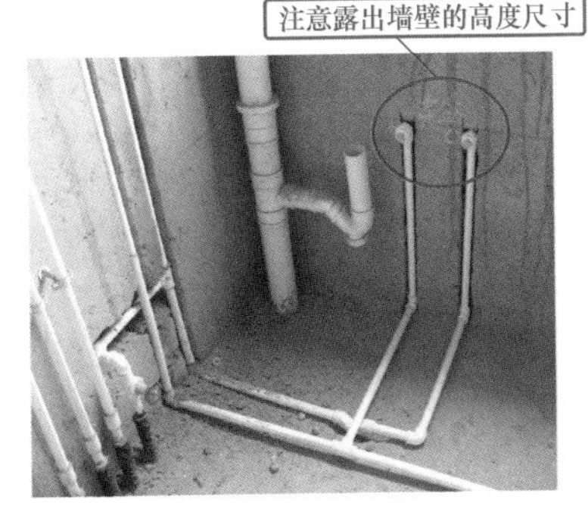

图 5-3 确定基准线

［举例 1］ 插座定位点尺寸图解如图 5-4 所示。

（2）水电定位后，就是打槽。好的打槽师傅打出的槽是一条直线，槽边基本没有毛齿。打槽前，需要将所有的水电走向在墙上、地上划标志线，

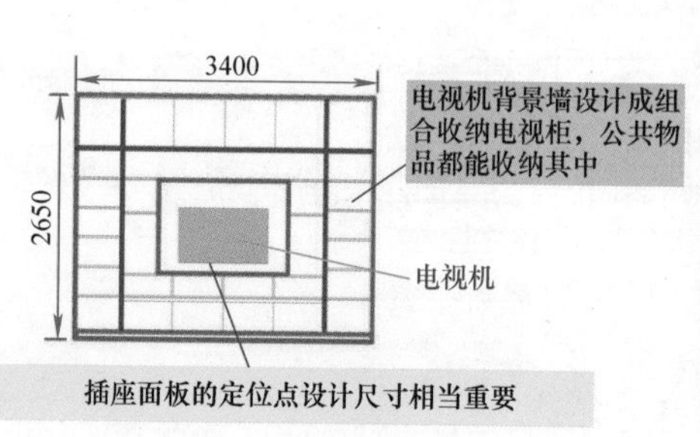

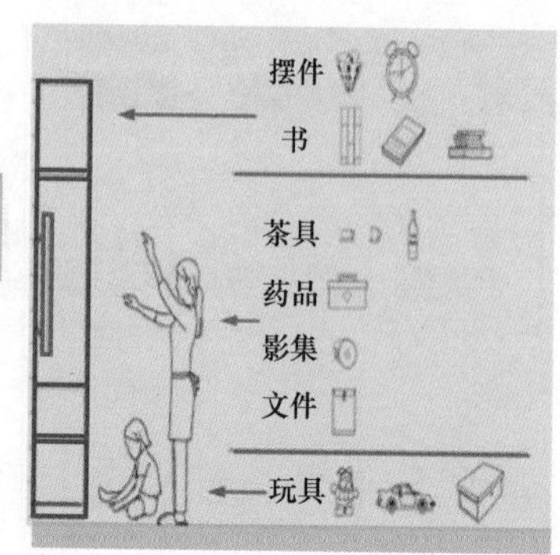

图 5-4　插座定位点尺寸图解

并且对照水电图，看是否一致。因此，水电设计水电槽的具体走向，必须符合现场要求，并且设计的水电槽必须横平竖直。水电槽图解如图 5-5 所示。

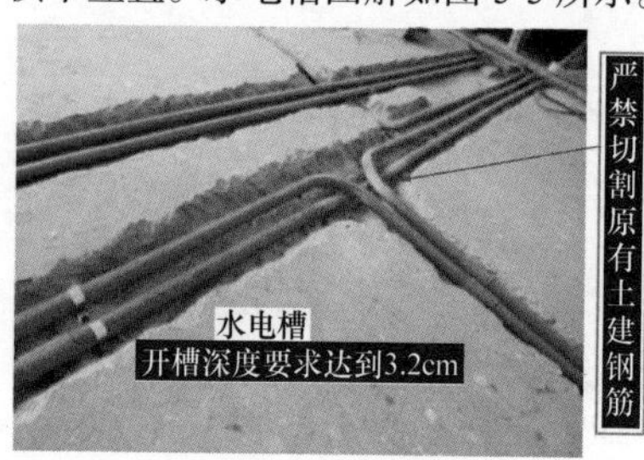

图 5-5　水电槽图解

为了使水管管道与墙面在同一水平面上，方便后期墙面贴砖、批腻子。一般都是在墙面设计开槽。如果地面具有地辐热，则地面涉及开槽会破坏地辐热。

厨房、卫生间是多水地带，为了防止水顺着槽漏到墙体另一面。因此，卫生间这些开槽的地方，需要设计刷防水。

为了后期墙面处理的平整度、防止管道外漏。厨房、卫生间封槽后才能够贴砖。其他地方，封槽后才能够批腻子。

（3）门铃最好设计选择无线门铃。

（4）外接下水管的管子，最好设计与原下水管匹配。

（5）电路改造中，需要事先设计好全屋的灯具、电器装的具体地方，以便确定开关插座的位置。

［举例 2］　某工程客卫生间水路定位尺寸图如图 5-6 所示。

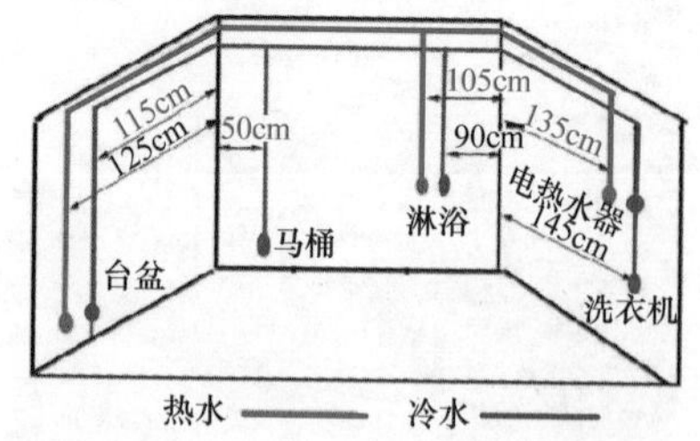

图 5-6　某工程客卫生间水路定位尺寸图

5.4　分户水表的安装施工

分户水表的安装施工图解如图 5-7 所示。

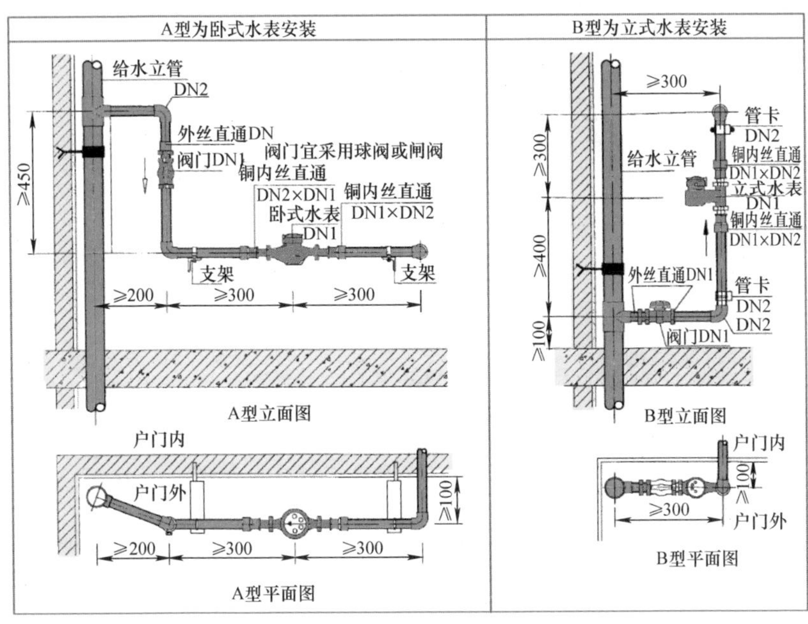

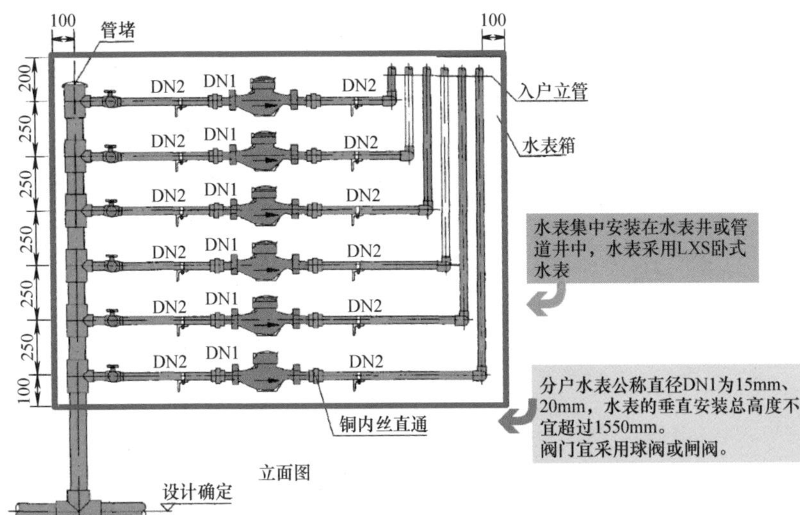

图 5-7　分户水表的安装施工图解

5.5 PPR、PVC-U、铝塑管管道支管连接

PPR、PVC-U、铝塑管管道支管连接图解如图 5-8 所示。

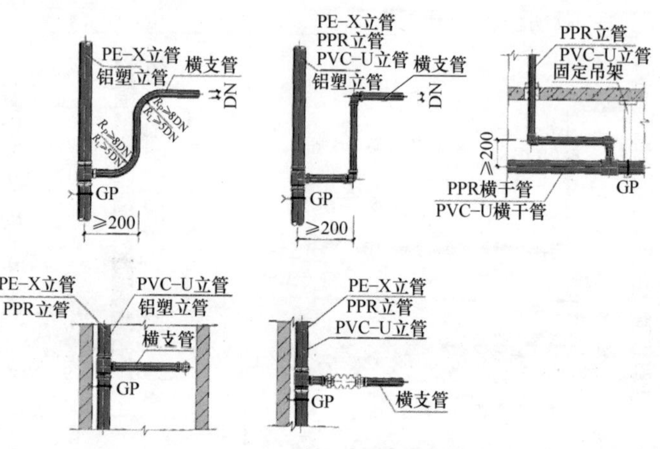

图 5-8 PPR、PVC-U、铝塑管管道支管连接图解

5.6 PE-X、PPR、PVC-U、铝塑管、PB 、PE 管道穿墙体

PE-X、PPR、PVC-U、铝塑管、PB、PE 管道穿墙体图解如图 5-9 所示。

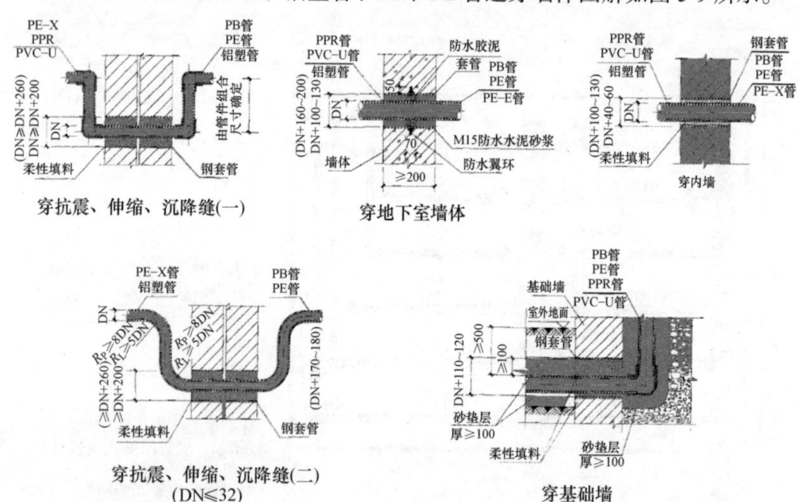

图 5-9 PE-X 、PPR、PVC-U、铝塑管、PB 、PE 管道穿墙体图解

5.7 冷热水管间距离的施工

热水管的管壁隔温效果好，冷热水管因为受热不同，如果距离太近会对管子产生影响。因此，冷热水管的间距基本要保持 5cm 左右。由于热胀冷缩，管子要留有一些余地，这样不会拉断或挤断水管。

冷热水管间的距离图解如图 5-10 所示。

tips：冷水热水管的接口、出口处必须设计平行，并且一般左边设计为热水管、右边设计冷水管。

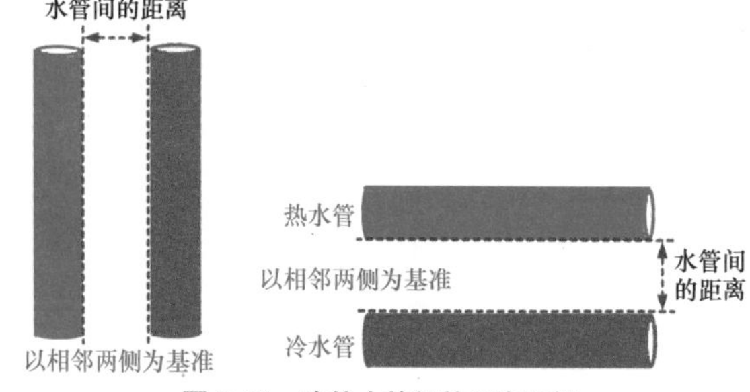

图 5-10 冷热水管间的距离图解

5.8 淋浴混水管距离的施工

淋浴冷水管、热水管的间距，保证 15cm。大部分电热水器、分水龙头冷热水上水间距都是 15cm。个别的是 10cm。因此，设计淋浴混水管的距离时，需要注意数据尺寸、基准的正确性。

淋浴混水管的距离图解如图 5-11 所示。

图 5-11 淋浴混水管的距离图解

5.9 三角阀的安装施工

三角阀的安装图解如图 5-12 所示。因此，安装三角阀时，需要注意安装结构特点，以使安装后的效果美观。

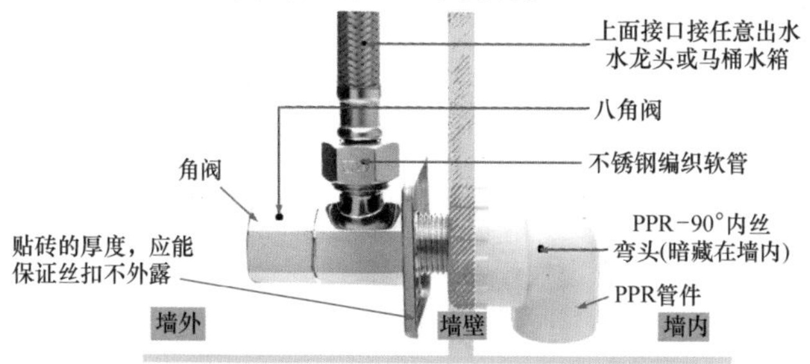

图 5-12 三角阀的安装图解

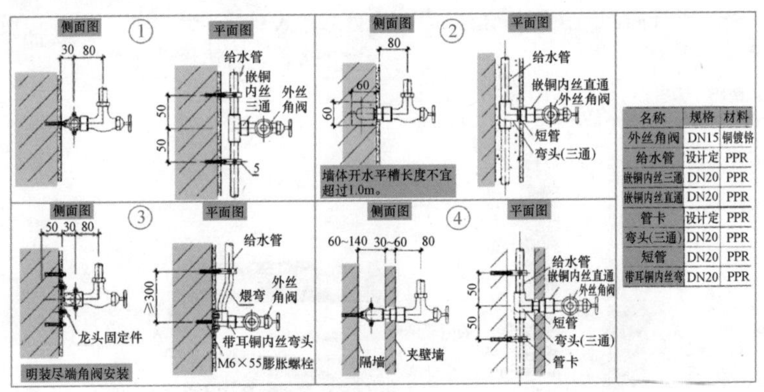

名称	规格	材料
外丝角阀	DN15	铜镀铬
给水管	设计定	PPR
嵌铜内丝三通	DN20	PPR
嵌铜内丝直通	DN20	PPR
管卡	设计定	PPR
弯头(三通)	DN20	PPR
短管	DN20	PPR
带耳铜内丝弯	DN20	PPR

图 5-12　三角阀的安装图解（续）

［举例］　家装角阀的一般选择如图 5-13 所示。

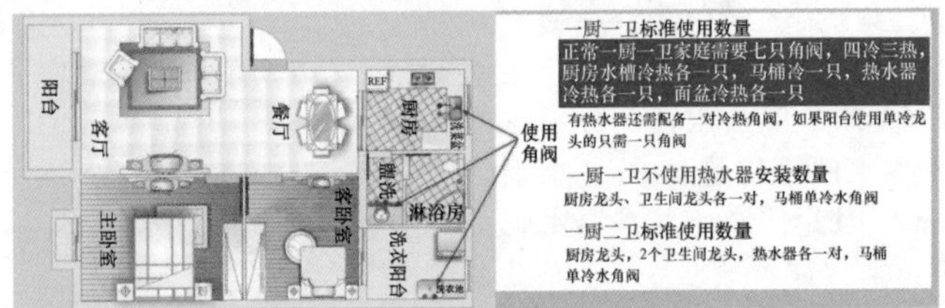

图 5-13　家装角阀的一般选择

5.10　PPR 水龙头的安装

PPR 水龙头的安装如图 5-14 所示。

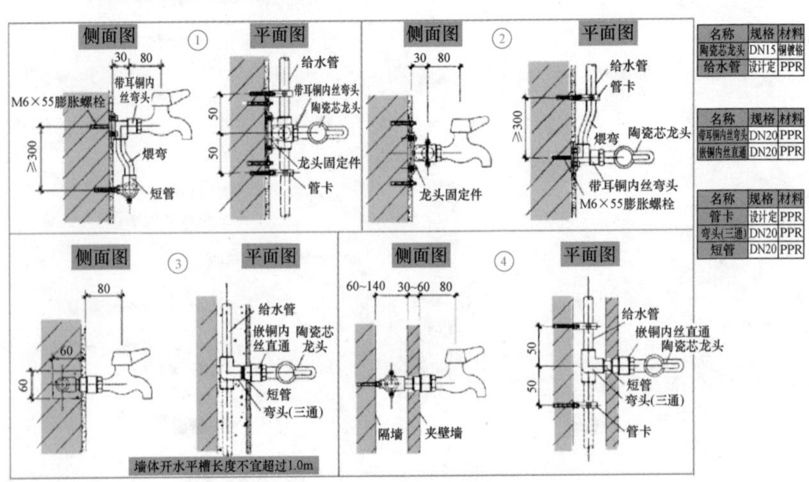

名称	规格	材料
陶瓷芯龙头	DN15	铜镀铬
给水管	设计定	PPR

名称	规格	材料
带耳铜内丝弯头	DN20	PPR
嵌铜内丝直通	DN20	PPR

名称	规格	材料
管卡	设计定	PPR
弯头(三通)	DN20	PPR
短管	DN20	PPR

图 5-14　PPR 水龙头的安装

5.11 洗面器水龙头的安装

某款洗面器水龙头的安装如图 5-15 所示。

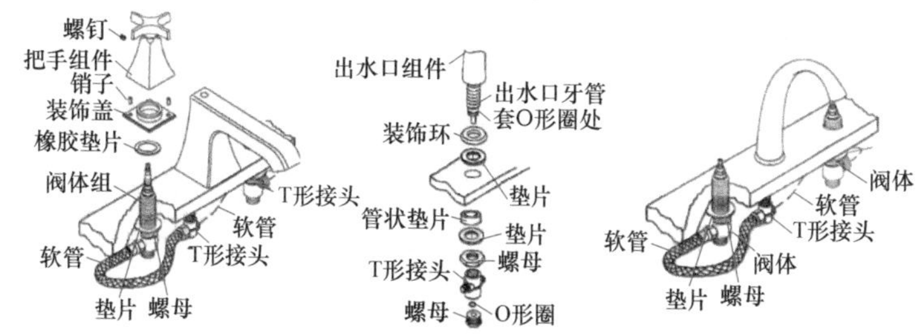

分离下装式

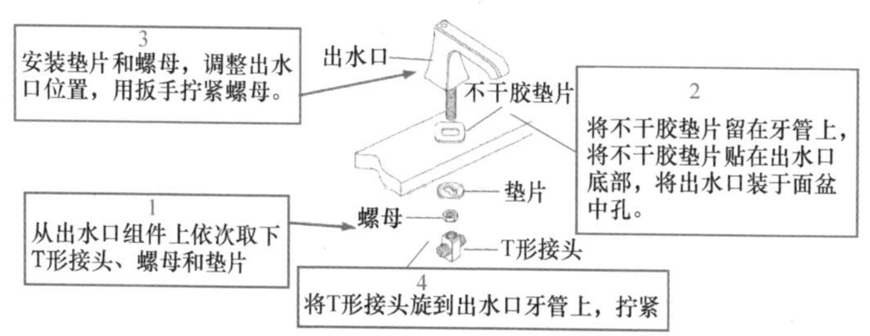

分离下装式4″8″双把手面盆龙头

图 5-15 某款洗面器水龙头的安装

5.12 污水池的安装

某款污水池的安装图例如图 5-16 所示。

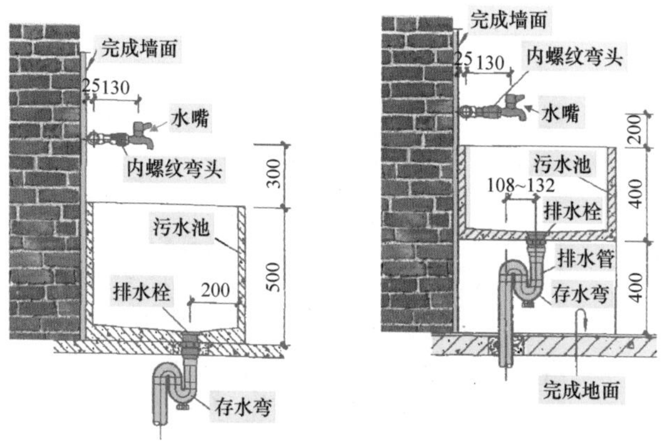

图 5-16 某款污水池的安装图例

5.13 分体式下排水坐便器的安装

某款分体式下排水坐便器的安装图例如图 5-17 所示。

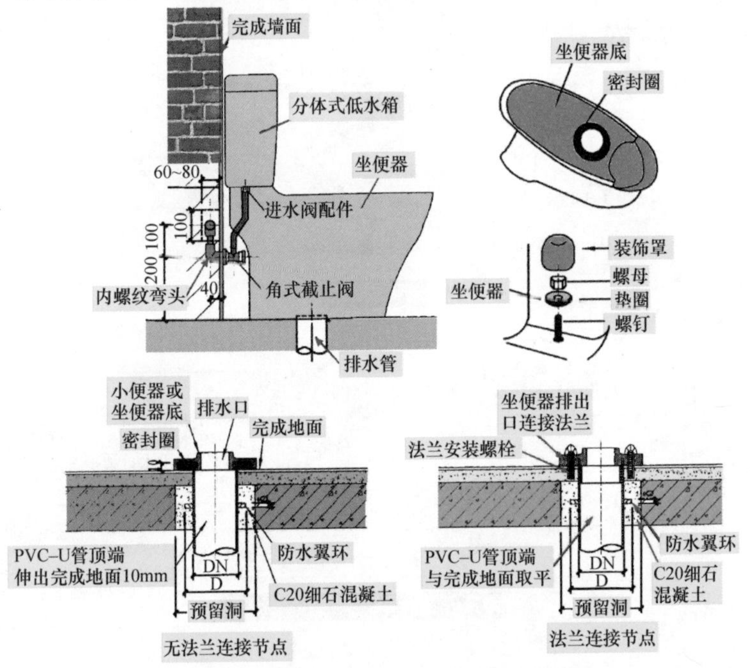

图 5-17　某款分体式下排水坐便器的安装图例

5.14 分体式后排水坐便器的安装

某款分体式后排水坐便器的安装图例如图 5-18 所示。

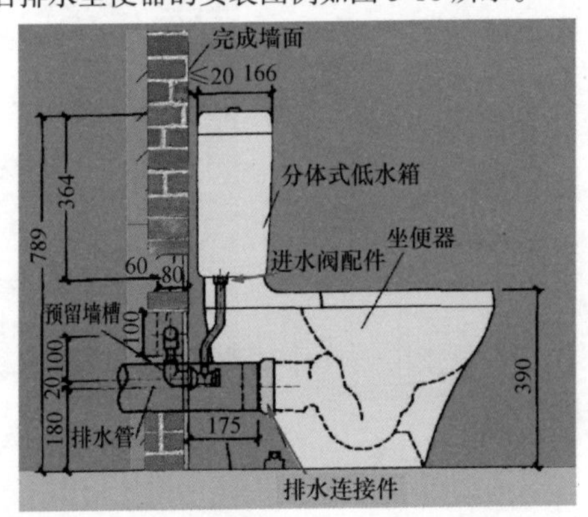

图 5-18　某款分体式后排水坐便器的安装图例

5.15 感应式冲洗阀坐便器的安装

某款感应式冲洗阀坐便器的安装图例如图 5-19 所示。

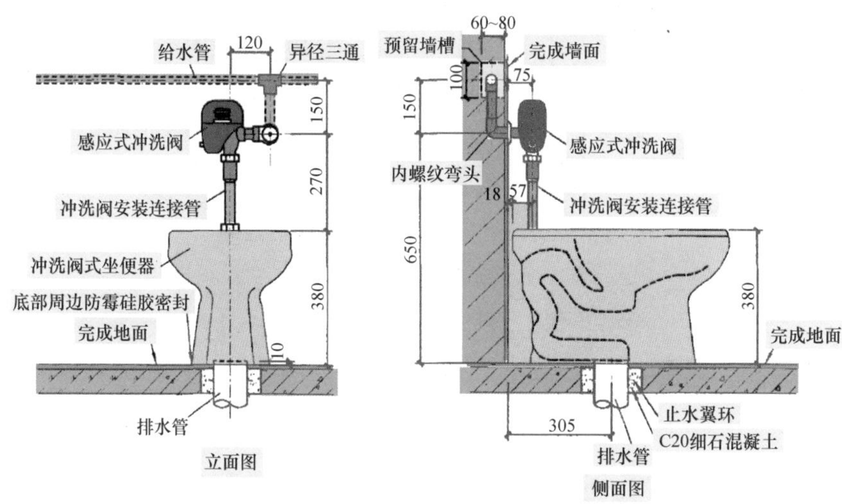

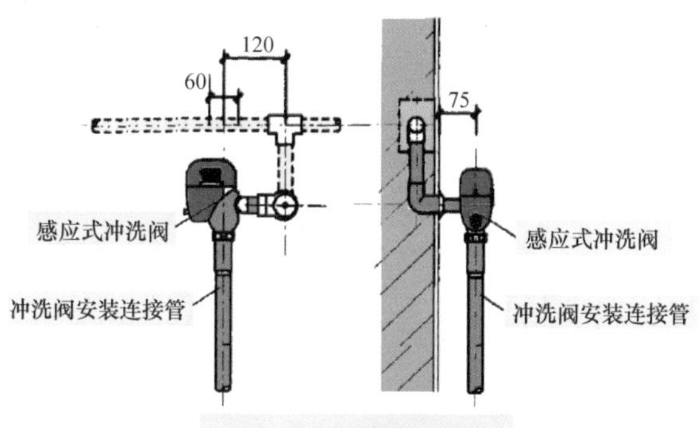

图 5-19　某款感应式冲洗阀坐便器的安装图例

5.16 自闭式冲洗阀坐便器的安装

某款自闭式冲洗阀坐便器的安装图例如图 5-20 所示。

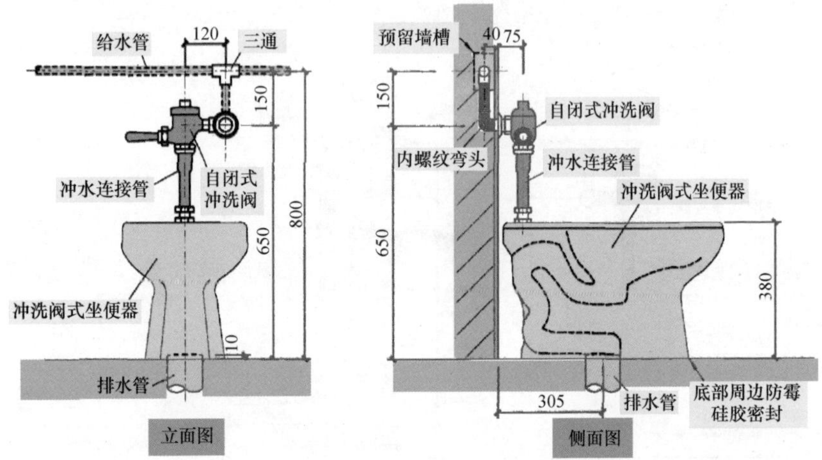

图 5-20　某款自闭式冲洗阀坐便器的安装图例

5.17　开关接线施工

安装开关接线施工的一些要点与主要步骤如下：

（1）首先把底盒内甩出的导线留出一定的维修长度，并且削出一定的线芯。然后把导线，按顺时针方向盘绕在开关、插座对应的接线柱上，再旋紧压头。

（2）独芯导线，可以把线芯直接插入接线孔内，再用顶丝将其压紧。

（3）连线的线芯不得外露。

开关接线是连接同一根线，也就是相当于把一根线截断，然后把开关接到截断的两端上。这就是开关的控制特点决定的。开关接线一般是接在相线上，如果接在零线也能够实现控制，只是不符合规范。有的操作安全性要求的开关，反而接在零线上比接在相线上安全一些。

开关接线图例如图 5-21 所示。

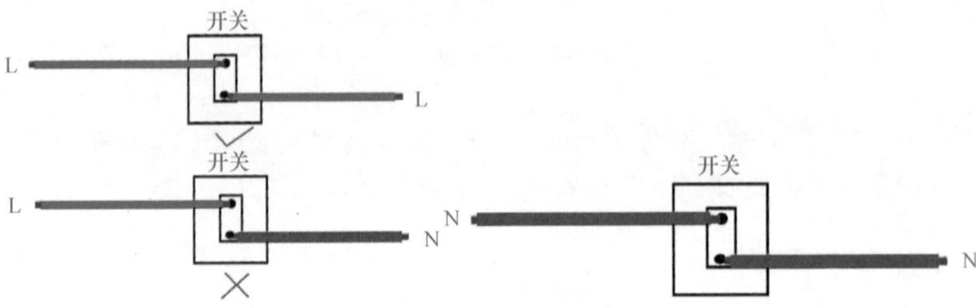

图 5-21　开关接线图例

5.18 开关控制电器的设计

开关控制电器的特点就是断开或者接通电器的同一线，从而实现电器的断电与通电的目的。开关的相线入端与相线出端，其实是同一根相线。

开关控制电器的特点图例如图 5-22 所示。

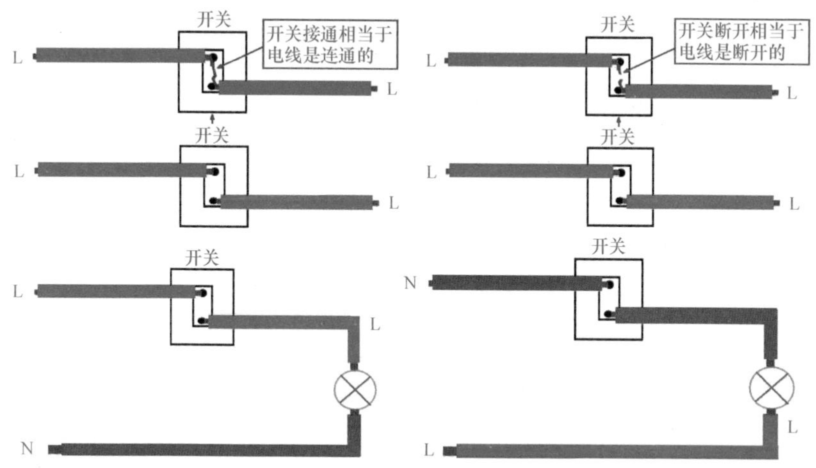

图 5-22 开关控制电器的特点图例

开关控制独立电器，则开关原则上放在独立电器前，或者后均能够达到控制效果，不过，一般开关是放在独立电器相线的入端。开关控制独立电器的位置图例如图 5-23 所示。

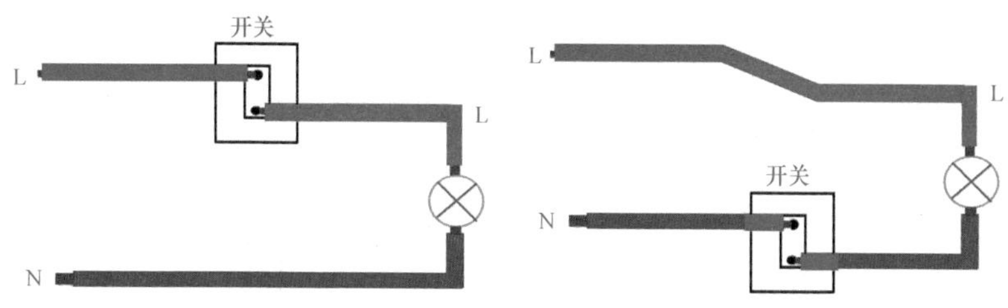

图 5-23 开关控制独立电器的位置图例

5.19 总分开关的设计

总分开关不等于分控开关，其是总开关整体控制，分开关单独控制。分控开关是各开关单独控制。

总分开关与分控开关比较如图 5-24 所示。

总分开关的分控开关相线入端是总分开关的相线出端。如果一分控开关的相线入端是总控开关的相线入端，则该分控开关不再受总分开关的控制，图例如图 5-25 所示。因此，开关在接线时，一定要确定其入端的来源与出端的去处。

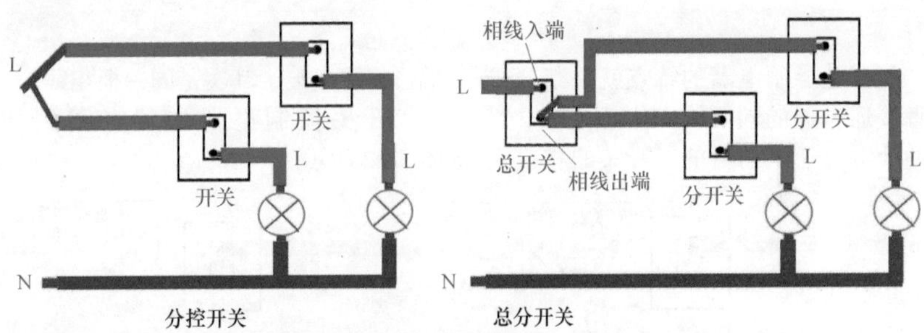

图 5-24　总分开关与分控开关的比较

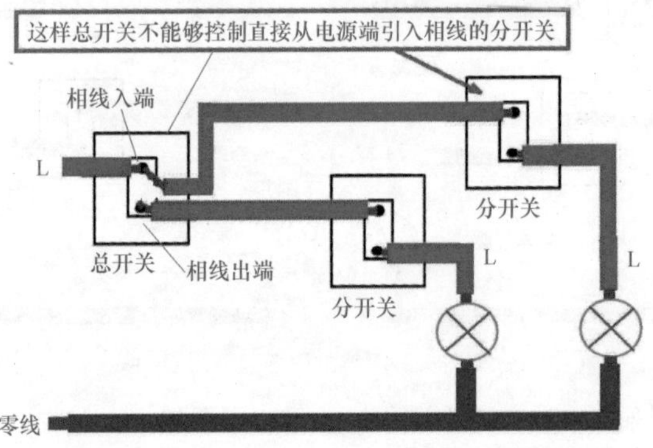

图 5-25　一分控开关不受总控开关的控制的图例

5.20 开关间串接线的设计

开关间有时可以串接引入相线，但是一般要求采用独立管道敷设，接线只能够在接线盒内进行。具体是否可以，则需要根据方案要求来定。

图 5-26 就是各开关引线的单独布管图例。图 5-27 就是各开关引线的单独布管线盒连接的图例。图 5-28 就是开关引线间的串连接的图例。

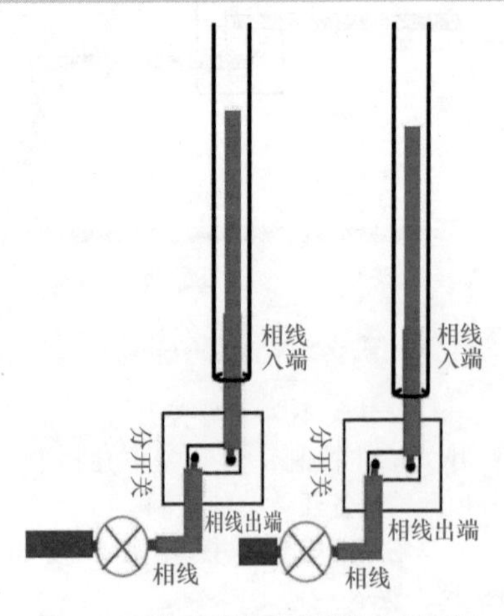

图 5-26　各开关引线的单独布管图例

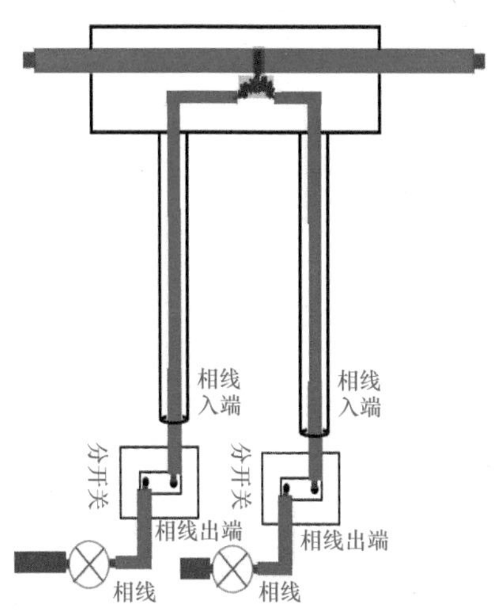

图 5-27　各开关引线的单独布管线盒连接的图例

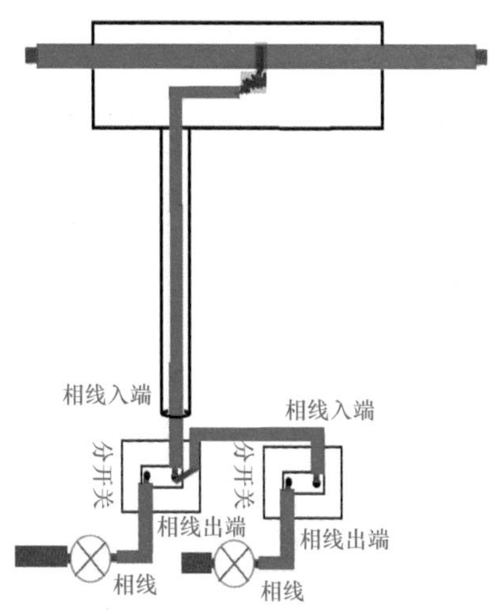

图 5-28　开关引线间串连接的图例

5.21　线管中的开关线的设计

开关的接线一般只有两根。如果超过了两根，则说明开关可能存在搭接的线，或者存在一只开关控制多盏灯或者几个电器的情况。

开关的一般接线图例如图 5-29 所示。

多只开关引线共管时，一定要标志或者明白哪些是哪只开关的入线与出线，图例如图 5-30 所示。

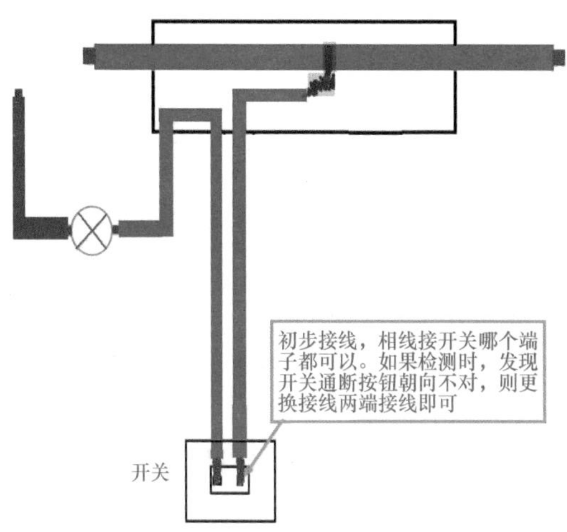

图 5-29　开关的一般接线图例

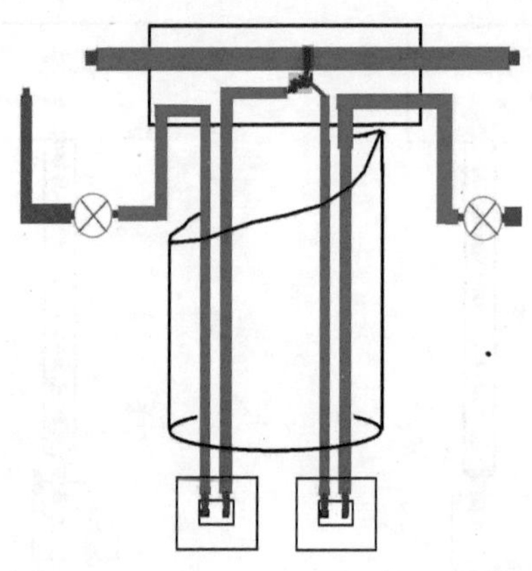

图 5-30　多只开关引线共管的设计图例

5.22 声光控延时开关的安装施工

声光控延时开关使用时，只需发出响声（大约 60dB 以上），开关即可以导通工作。延时一段时间后，开关会自动断开，并且声控距离由发出声响的大小来决定。声光控延时开关电路如图 5-31 所示，其中 XF 端为远程消防控制端，一般只提供灯具常亮信号，不提供照明用电。不接消防控制线时，开关也可以当作通用开关使用。到遇到火灾等紧急情况时，可以利用远程消防控制等功能使所有灯强制点亮，保证紧急情况下的照明，但是需要专门铺设一条消防控制线。

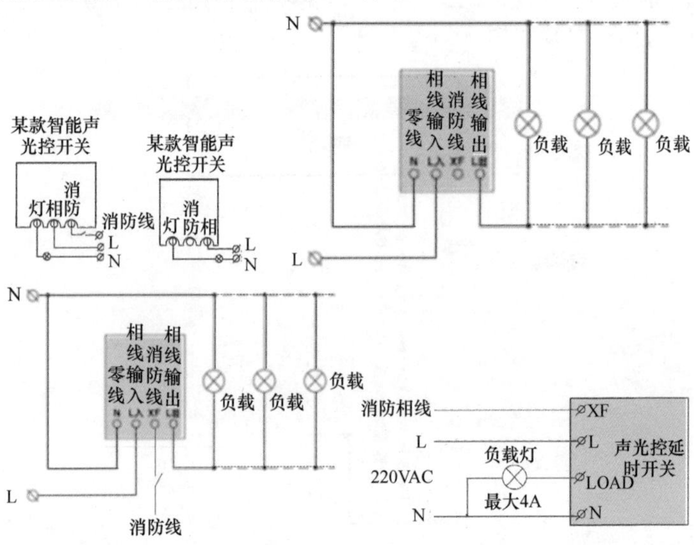

图 5-31　声光控延时开关电路

声光控延时开关分为全自动感应开关、自动测光开关。

声光控延时开关电路在安装施工设计时，需要注意不同光控延时开关安装接线有差异。

5.23 常见开关接线

常见开关接线的特点见表 5-2。

表 5-2 常见开关接线的特点

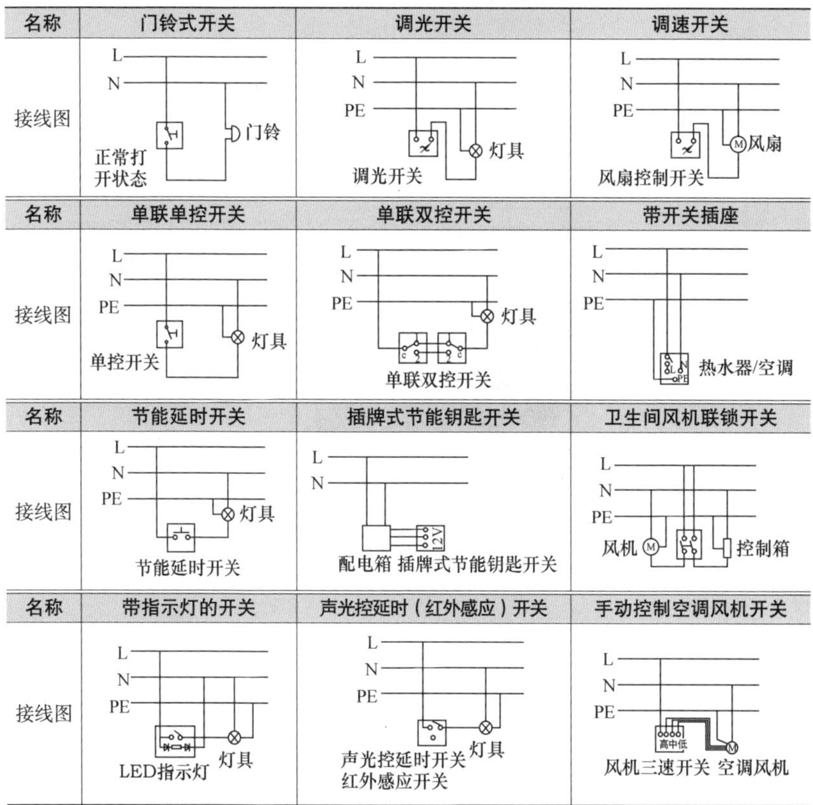

名称	门铃式开关	调光开关	调速开关
接线图	L N 门铃 正常打开状态	L N PE 灯具 调光开关	L N PE 风扇 风扇控制开关
名称	单联单控开关	单联双控开关	带开关插座
接线图	L N PE 灯具 单控开关	L N PE 灯具 单联双控开关	L N PE 热水器/空调
名称	节能延时开关	插牌式节能钥匙开关	卫生间风机联锁开关
接线图	L N PE 灯具 节能延时开关	L N 12V 配电箱 插牌式节能钥匙开关	L N PE 风机 控制箱
名称	带指示灯的开关	声光控延时（红外感应）开关	手动控制空调风机开关
接线图	L N PE LED指示灯 灯具	L N PE 灯具 声光控延时开关 红外感应开关	L N PE 高中低 风机三速开关 空调风机

5.24 5 孔 2 开关墙壁面板的安装施工

5 孔 2 开关墙壁面板控制电路要求：5 孔插座要正确连线，2 开关需要分别控制 2 盏灯，面板开关不控制插座。电源引进线 3 根，具体连线如图 5-32 所示。

如果 5 孔插座面板已经连好线，则只需要连接电源引线 3 根即可。

常用墙壁开关面板分为 86 型开关面板、118 型开关面板、120 型开关面板，这是根据开关面板的外形尺寸来分类的。

86 型开关面板属于正方形的开关

面板，大小与人的巴掌差不多大，是国内最常用的一款开关面板。其长度与宽度分别是 86mm、86mm。

118 型开关面板属于长方形的开关面板。该面板是一种自由组合型的面板。118 型开关面板的尺寸如下：

118mm × 72mm，可以装一个或两个功能件，也称为小盒。

155mm × 72mm，可以装三个功能件，也称为中盒。

197mm × 72mm，可以装四个功能件，也称为大盒。

120 型开关面板与 118 型开关面板一样，也属于自由组合类型，其一般竖向安装。120 型开关面板的尺寸如下：

120mm × 74mm，可以装一个或两个功能件，也称为小盒。

156mm × 74mm，可以装三个功能件，也称为中盒。

200mm × 74mm，可以装四个功能件，也称为大盒。

120mm × 120mm，可以装四个功能件，也称为方盒。

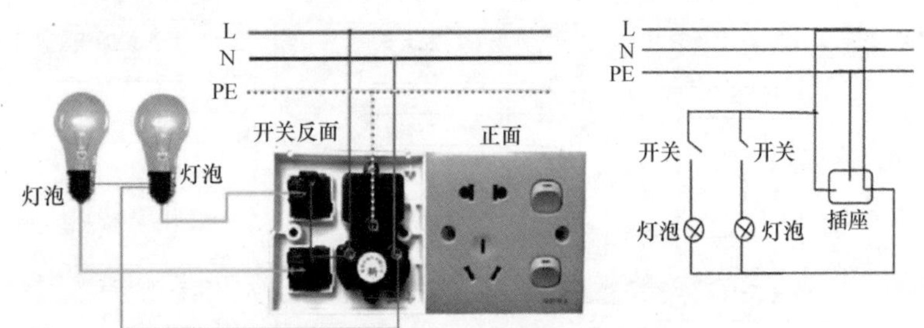

图 5-32　5 孔 2 开关墙壁面板控制电路

5.25　一般灯具的安装方式与固定灯位的安装图解

一般灯具的安装方式图解如图 5-33 所示，固定灯位的安装图解如图 5-34 所示。

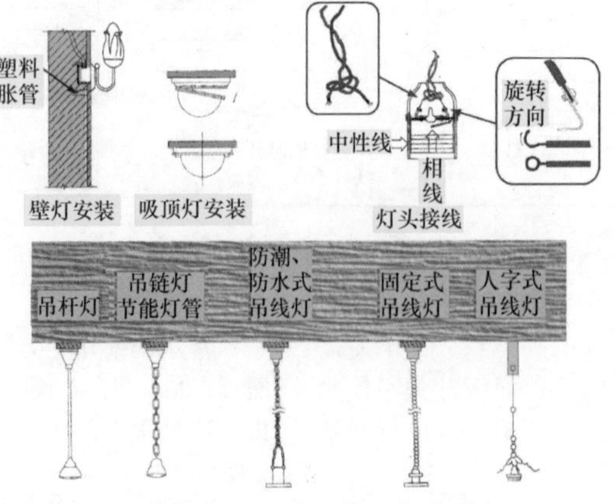

图 5-33　一般灯具的安装方式图解

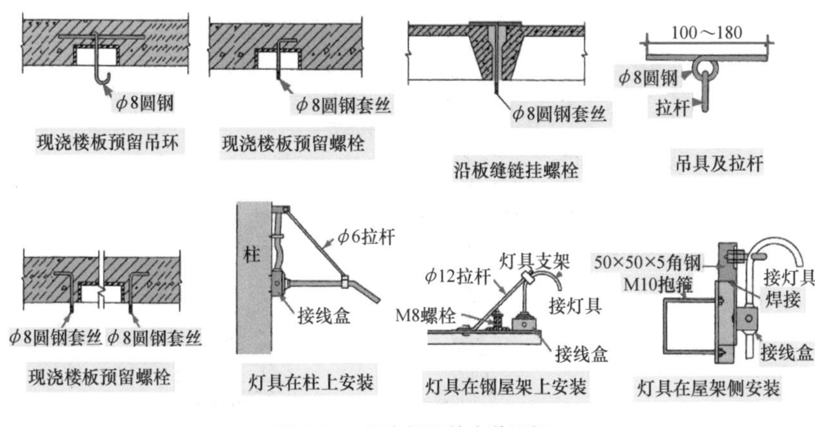

图 5-34　固定灯位的安装图解

5.26　花灯的安装

安装吊式花灯的一些要求与主要步骤如下：

1）把灯具托起，并且把预埋好的吊杆插入灯具内。

2）把吊挂销钉插入后，将其尾部掰开成燕尾状，并且将其压平。

3）导线接好，包扎好。

4）理顺导线，然后向上推起灯具上部的扣碗。

5）将接头放在其内，并且把扣碗紧贴顶棚，然后把螺钉拧好。

6）调整好各个灯口。

7）上好灯泡，配好灯罩。

某款花灯安装图例如图 5-35 所示。

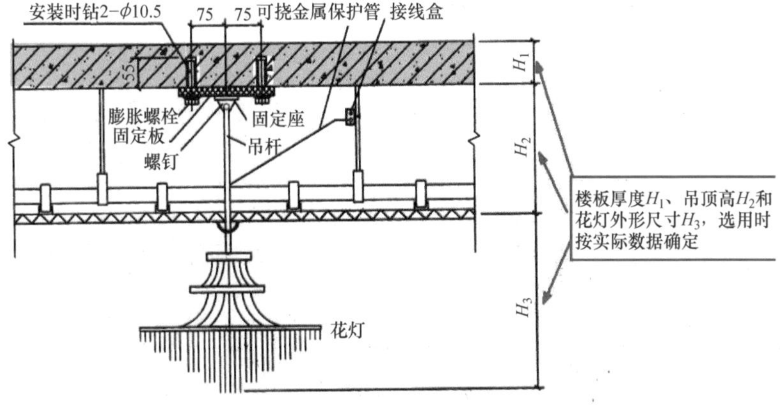

图 5-35　某款花灯安装图例

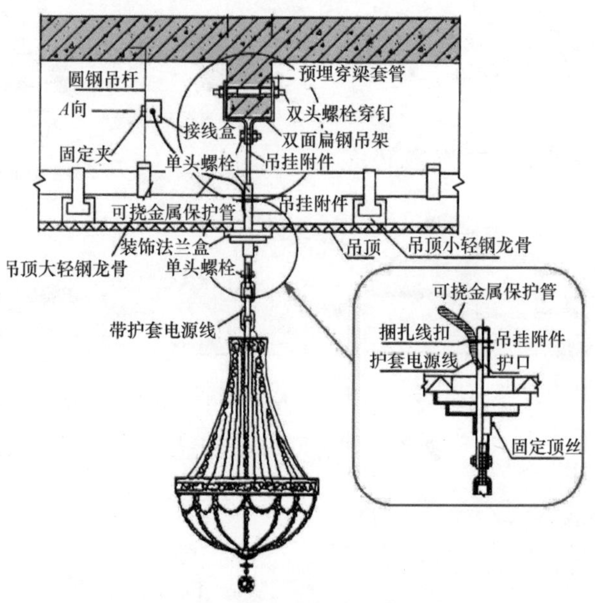

图 5-35 某款花灯安装图例（续）

5.27 常用筒灯的安装

常用筒灯的安装如图 5-36 所示。

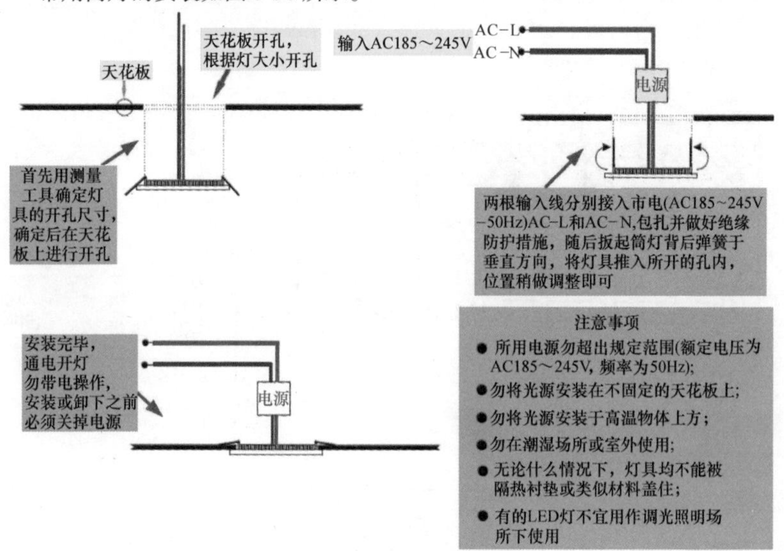

图 5-36 常用筒灯的安装

图 5-36　常用筒灯的安装（续）

5.28 家居装饰工程工艺要求

家居装饰工程工艺要求见表 5-3。

表 5-3　家居装饰工程工艺要求

项目	工　艺	材料	工程标准
		水路工程	
25mm PPR 进水管	穿管孔洞、暗槽预先开凿→水管量尺下料→管路支托架预埋→预装→检查→正式连接安装	PPR 管，含弯头、直接等	（1）管道排列符合设计要求 （2）安装牢固，管道与器具、管道与管道连接应严密 （3）给水管道在隐蔽前必须经压力试验，压力 0.6MPa，保压 16min 无渗漏
50mm 下水管安装铺设	穿管孔洞的预先开凿→水管量尺下料→管路支托架安装预埋件的预埋→预装→检查→正式连接安装	直径 50mm PVC 管及其弯头等配件	接口紧密、坡水正确、安装牢固、无渗漏
防水砂浆地面做防水	基层清理→拌和防水砂浆粉覆（1cm 内），普通防水区域需向周围墙面返高 0.3m，淋浴区域向周围墙面返高 1.8m	防水剂拌和在水泥砂浆内	24h 闭水实验无渗漏
防水涂料地面做防水	基层清理→贴布→刷防水涂料→贴布→刷防水涂料→贴布→刷防水涂料，普通防水区域需向周围墙面返高 0.3m，淋浴区域向周围墙面返高 1.8m	防水，二布五涂处理	24h 闭水实验无渗漏

（续）

项目	工　艺	材料	工程标准
电路铺设			
吊顶、地板走线（不开槽）	吊顶、地板下布的 PVC 管、PVC 管内穿强弱电线；空调、热水器设计使用 $4.0mm^2$ 塑铜线；照明线路设计使用 $2.5mm^2$ 塑铜线；普通插座线路设计使用 $2.5mm^2$ 塑铜线；弱电电话、网络、视频线、300 头音响线单独穿管	选用优质、可弯曲、加厚、阻燃 PVC 管及接头、电工塑铜线、护套线	各种强、弱电的导线均不得出现裸露，应保持电路通畅，PVC 管无损
墙体、地板走线（开槽）	吊顶、地板内布的 PVC 管、PVC 管内穿强弱电线；空调、热水器设计使用 $4.0mm^2$ 塑铜线；照明线路设计使用 $2.5mm^2$ 塑铜线；普通插座线路设计使用 $2.5mm^2$ 塑铜线；弱电电话、网络、视频线、300 头音响线单独穿管	设计选用优质、可弯曲、加厚、阻燃 PVC 管及接头、电工塑铜线、护套线	各种强、弱电的导线均不得出现裸露，应保持电路通畅，PVC 管无损
$6mm^2$ 专用插座线路走线（不开槽）	吊顶、地板内布的 PVC 管、PVC 管内穿 $6mm^2$ 电线	设计选用优质、可弯曲、加厚、阻燃 PVC 管及接头，电工塑铜线、护套线	各种强、弱电的导线均不得出现裸露，应保持电路通畅，PVC 管无损
$6mm^2$ 专用插座线路走线（开槽）	吊顶、地板内布的 PVC 管、PVC 管内穿 $6mm^2$，被砼土墙、梁、顶影响管路可走护套线，无需穿管	选用优质、可弯曲、加厚、阻燃 PVC 管及接头，电工塑铜线、护套线	各种强、弱电的导线均不得出现裸露，应保持电路通畅，PVC 管无损
开关插座安装人工、辅料			
开关、插座安装（含底盒）	根据产品安装要求进行	设计选择优质底盒	（1）开关、插座等器件需要安装牢固、端正，与墙体间隙不得大于 1mm； （2）面向电源插座的相线、零线位置为右相左零，有接地孔的插座，地线接孔应为上方位置； （3）同一设计高度的开关、插座，高度差不得大于 5mm
灯具安装人工、辅料			
浴霸安装	根据产品安装要求进行		线路连接良好可靠正确，安装牢固
热水器安装	根据产品安装要求进行		线路连接良好可靠正确，安装牢固

（续）

项目	工　艺	材料	工程标准
	灯具安装人工、辅料		
小型灯具安装	根据产品安装要求进行		线路连接良好可靠正确，安装牢固
花灯、餐灯安装	根据产品安装要求进行		线路连接良好可靠正确，安装牢固
吸顶灯、壁灯安装	根据产品安装要求进行		线路连接良好可靠正确，安装牢固
软管灯安装费	根据产品安装要求进行		线路连接良好可靠正确，安装牢固
筒灯安装费	根据产品安装要求进行		线路连接良好可靠正确，安装牢固
T4管安装费	根据产品安装要求进行		线路连接良好可靠正确，安装牢固
射灯安装费	根据产品安装要求进行		线路连接良好可靠正确，安装牢固
	安装洁具人工、辅料		
五金安装费	根据产品安装要求进行		安装牢固可靠正确，外表面清洁，无损坏
安装镜子	根据产品安装要求进行		安装牢固可靠正确，外表面清洁，无损坏
单件洁具安装工费	根据产品安装要求进行	中性玻璃胶	（1）外表面应清洁，无损坏，安装牢固； （2）排水畅通； （3）各连接处不渗漏； （4）阀门开关灵活； （5）坐便器应用膨胀螺栓固定安装，以及用油灰或硅酮连接密封，底座不得用水泥砂浆固定
带裙边浴缸安装工费	根据产品安装要求进行	中性玻璃胶	（1）外表面应清洁，无损坏，安装牢固； （2）阀门开关灵活； （3）排水畅通； （4）各连接处不得渗漏； （5）浴缸排水必须用硬管连接
防臭地漏	100×100镀铬地漏，包括安装与敷料	不锈钢地漏	与地面平整，能够自然排水

注：上表仅供参考。

第 6 章

实战设计——家装水电设计你也行

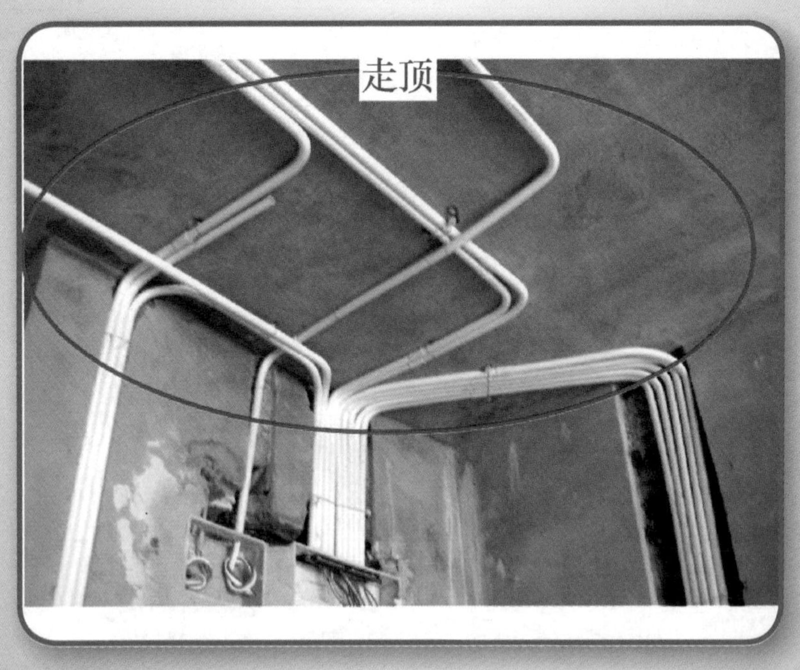

6.1 常用设备水电点位的设计

家装常用设备水电点位的设计见表 6-1。

表 6-1 家装常用设备水电点位的设计

<table>
<tr><th>名称</th><th>常用设备水电点位的设计</th></tr>
<tr><td>餐厅</td><td>常用的电源——餐桌边电源、餐边柜上方电源、壁挂式饮水机电源等</td></tr>
<tr><td rowspan="2">厨房</td><td>常用水电点位——烟机电源、灶台电源、操作台上设计备用电源 2~3 个、水盆下电源、洗菜盆冷热水口等</td></tr>
<tr><td>常用设备——电饭煲、烤箱、消毒柜、冰箱、净水机、抽油烟机、软水机、厨宝、洗碗机、橱柜操作灯、微波炉、凉霸、燃气热水器或壁挂炉等
说明：有条件的可加上背景音乐音箱、空调等</td></tr>
<tr><td rowspan="2">客厅</td><td>常用强弱电点位——电视机电源、电视信号源、机顶盒电源、空调电源、网络端口、电话端口、沙发两边电源等</td></tr>
<tr><td>可选择的设备——饮水机、鱼缸、音响系统、家庭影院、视频共享、投影、电动窗帘、吊顶造型照明、安防控制系统、智能控制系统等</td></tr>
<tr><td rowspan="2">书房</td><td>常备点位——网络、电话、计算机电源、备用插座、地插等</td></tr>
<tr><td>可选用——背景音乐、电视电源、电视信号源、视频共享、电动窗帘、安防系统、智能控制系统等
说明：过道如果比较长，可以设计电源给吸尘器、设计小夜灯</td></tr>
<tr><td rowspan="2">卫生间</td><td>常用水电点位——吹风机电源、浴霸（需要设计确定好是分体的，还是集成的，几根控制线、几个控制面板等情况）、智能坐便器电源、智能坐便器水口（注意：智能坐便器不能用中水）、洗脸盆冷热水口、淋浴水口等</td></tr>
<tr><td>常用设备——吹风机、电热水器、洗衣机、电动牙刷、电动剃须刀、洗脸盆、坐便器、淋浴龙头、墩布池、妇洗器、喷枪、浴缸（如带按摩和冲浪功能的要加电源）等
说明：有条件的也可以设计背景音乐音箱等</td></tr>
<tr><td rowspan="2">卧室</td><td>常用强弱电点位——床头两侧电源、电话信号源、电视机电源、电视信号源、机顶盒电源、空调电源等</td></tr>
<tr><td>可选用——壁灯、主灯双控、网络、视频共享、电动窗帘、灯光控制、安防控制、智能控制等</td></tr>
</table>

［举例］ 某项目次卫生间定位的设计如图 6-1 所示。

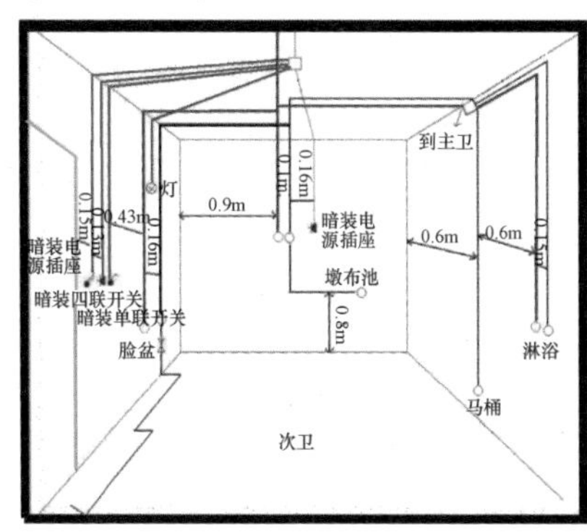

图 6-1 某项目次卫生间定位的设计

6.2 家装厨房水电设计

家装厨房水电设计的一些要点与方法如下。

（1）厨房水电设计，先需要考虑厨房里使用的具体家用电器设备。然后基于此，需要对这些物品位置进行设计规划确定，也就是定下水电改造方案。

（2）厨房水电设计，需要了解厨房供热水情况，是小区是集中供热水，还是家里烧，以便确定家装供应方式是使用厨宝，还是使用燃气炉，或者是使用电热水器等。进而，确定水管的走向。

（3）设计做防水处理。

（4）设计选择洗菜盆时，尽量选择有溢水口的水盆，否则水龙头漏水会导致自己家或者楼下邻居遭殃。

（5）如果厨房设计用到烤箱、微波炉、厨宝等大功率电器，则需要设计使用国标 $4mm^2$ 及以上的电线。

（6）厨房水路改造后，必须进行打压试验。一般要给水工作压力的 1.5 倍（0.5~0.8MPa），打压半小时无渗漏，掉压不超过 0.05MPa 属于合格。

（7）厨房电器一定要设计接地。

（8）厨房改造完成后，应对强弱电进行完全测试。

（9）厨房最好设计采用防溅插座面板。

（10）一般厨房的水路设计，需要考虑好水龙头、热水器的点位。一般家庭厨房与卫生间是共用一个热水器。因此，热水器安装位置的设定需要充分考虑。

（11）厨房冷水、热水上水管口高度需要设计一致，并且管口一般设计伸出墙面 2cm，冷热水管间距一般设计是 15cm。如果有要求，则需要从有关要求的角度去确定尺寸。

（12）厨房冷水管、热水管均为入墙施工，槽的深度需要设计达到要求（如后续铺贴瓷砖的厚度等工艺要求）。冷热水管不得设计为同槽。

［举例］ 某项目厨房电路设计如图 6-2 所示。

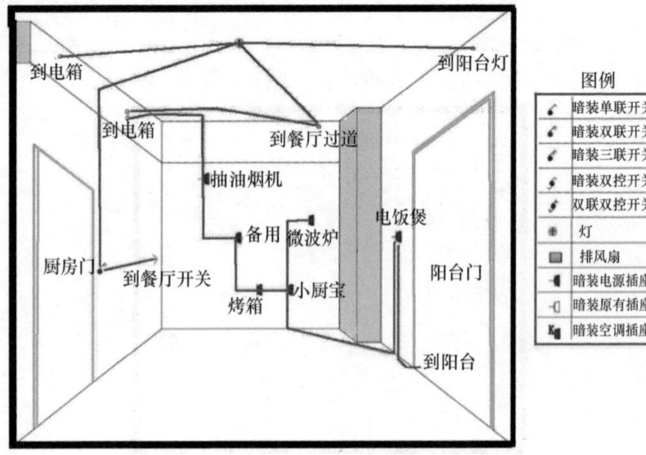

图 6-2 某项目厨房电路设计

6.3 家装卫生间水电设计

家装卫生间水电设计的一些要点与方法如下。

（1）卫生间水路设计，需要充分考虑好洗面盆、坐便器、浴缸、洗衣机等设备设施的安装位置，以及哪些设备需要连接热水管。哪些设备附件需要设计地漏。阀门离墙面的距离，需要设计得当，并且考虑方便使用、方便维修。坐便器的进水出口，尽量设计安置在能被坐便器挡住视线的地方。

（2）卫生间地面一定要设计做防水，特别是地面开槽的地方。淋浴区如果不是封闭淋浴房，则墙面防水需要设计做到 180cm 高，以防日后“墙体出汗”。抹水泥前，一定要设计做 24h 闭水试验，没有问题才能够铺砖。

（3）排风扇开关、卫生间电话插座，应设计装在坐便器附近，不得设计装在卫生间进门的墙边。

（4）卫生间除了设计留给洗手盆、墩布池、坐便器、洗衣机等出水口外，最好还设计一个出水口，以后接水冲地等很方便。

［举例 1］ 某家装工程卫生间电路设计如图 6-3 所示。

［举例 2］ 某项目卫生间给排水设计图例如图 6-4 所示。

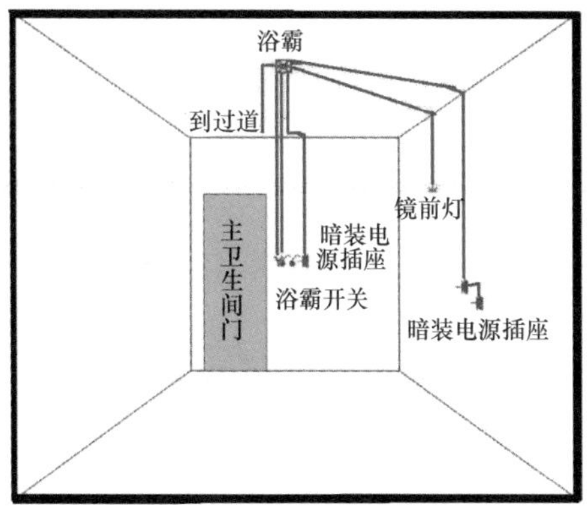

图 6-3 某家装工程卫生间电路设计

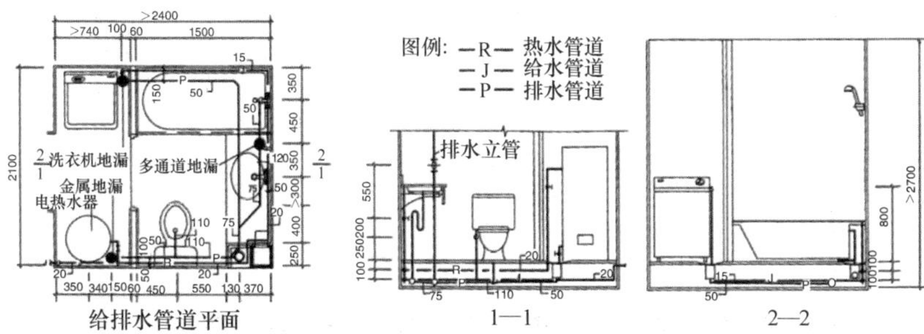

图 6-4 某项目卫生间给排水设计图例

6.4 客厅的电路设计

客厅的一些电路设计要点如下。

（1）客厅需要设计好电源线、照明线、空调线、电视线、电话线、计算机线、门铃线等。

（2）客厅沙发的边沿处，需要设计好电话线接口。户门内侧，需要设计好门铃线接口。

（3）饮水机、加湿器等设备，需要设计好电源插座。

（4）空调、电视机等不拔插头，都处于待机状态的电器，需要设计采用带开关的插座面板。

6.5 卧室的电路设计

卧室的一些电路设计要点如下。

（1）卧室电路设计，需要考虑好电源线、照明线、空调线、电话线、计算机线等。

（2）床头柜的上方，一般需要设计电源插座，并且一般设计带开关的5孔插线板，这样可以减少床头灯没开关的问题。

（3）梳妆台上方，一般需要设计电源插座，例如供吹风机应用。

（4）梳妆镜上方，可以设计反射灯，并且在电线盒旁另设计一个开关。

（5）卧室灯具最好设计采用双控开关，一个安装在卧室门外侧，另一个安装在床头柜上侧或床边较易操作的部位，这样晚上睡觉时就不用起身去卧室门旁边关灯。

［举例］ 某项目卧室电路设计如图6-5所示。

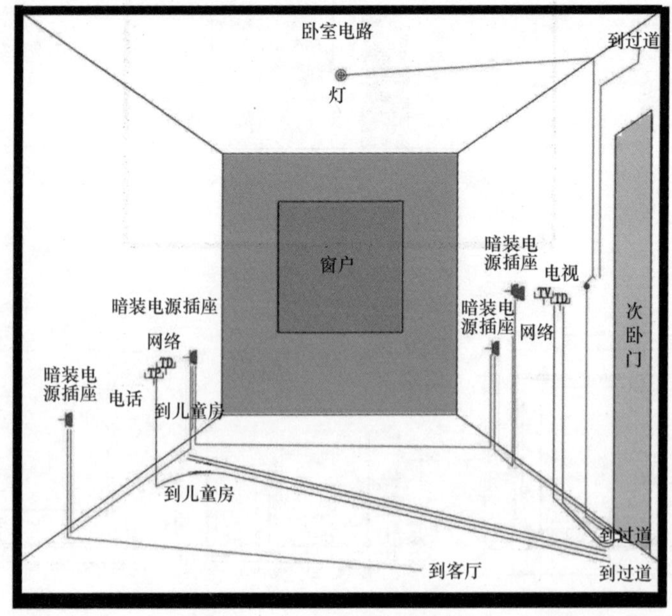

图6-5 某项目卧室电路设计

6.6 家装水管位置与规格和用水点的设计

主立管一般设置在卫生间与厨房的风道旁边的管井内，也有的设计明装的立管在房间的拐角位置。

入户水平管,一般设计接在水表后，用作水平管的塑料水管外径规格可以设计采用 DN20\DN25\DN32 等不同规格的PPR 管。无市政热水的住宅，入户水管一般设计采用 DN25 的 PPR 管。

一般洗菜池距地设计 450mm；洗衣机距地设计 800~1200mm，具体视洗衣机型号而设计。

一般住宅的用水点（水龙头）的口径，一般设计为 DN16 或者 DN20。末端支管、总水平管或者水平管支管间，一般设计利用管件（三通、变径三通或者弯头）进行过渡，分别接到不同的末端用水点。

常见水龙头的设计点如下：

厨房——洗菜盆两个（一个用于冷水、一个用于热水）。厨房共两个。

卫生间——淋浴两个（一个用于冷水、一个用于热水）、洗面盆两个（一个用于冷水、一个用于热水）、坐便器或蹲便器一个（用于冷水）。卫生间共 5 个。

阳台——热水器两个（一个用于冷水、一个用于热水）。阳台两个。

备用——洗衣机一个。洗衣槽两个（备用）。拖把池一个（备用）。

[举例 1]　$6m^2$ 的卫生间入户管位置与规格和用水点，怎样设计？

$6m^2$ 的卫生间，可以设计洗衣机一台、坐便器一个、面盆一个、拖把池一个、浴缸一个、热水器一台。入户管，设计选用 PPR 水管。设计接水表用的内丝塑包铜 1 个。

[举例 2] 如果房屋开发商入户水管，设计为 6 分管（也就是外径 25mm，1 分 = $\frac{1}{8}$ in ≈ 3.175mm）。则一般情况下，一厨一卫，设计采用 4 分（即外径 12.7mm）冷水管、4 分热水管即可。如果有条件的业主，则可以设计选择 6 分冷水管、4 分热水管。水管均设计选择 PPR 管。

tips：家装水管规格选择大一点，则几个地方同时放水，对水管的影响就小一点。只是，水管规格大，材料采购价格贵一些。

6.7 家装水路设计

家装水路设计的一些要点与方法如下。

（1）水管设计走地，则水管使用寿命要长于走顶。

（2）尽量设计把水表电表装在室外。这种情况，需要首先征求物业等部门的意见。否则，不能够改动。把水表设计装在室外的优点，就是抄水表数据方便，无需约定时间入户。

（3）水路设计，首先需要想好与水有关的所有设备的位置、安装方式、是否需要热水等情况。

（4）水路设计，要提前想好用燃气还是电的热水器，避免临时更换热水器种类，导致水路重复改造。

（5）水路改造后，需要设计打压测试。新设给水管需要设计采用管道承压试验。水压要求一般为 0.6MPa（约 $6kg/mm^2$），静置 40min，压力示数值不回落或回落不超过 0.05MPa，即为合格。

（6）管道敷设应设计横平竖直，

管卡位置、管道坡度等设计需要符合规范要求。

（7）排水管道需设计临时封口措施，避免杂物进入而堵塞管道。

（8）排水管，需设计连接牢固，灌水测试。管道排水顺畅且无渗漏。黑水管（排便管）管口中心距墙完成面间距（坑距）为300mm或400mm。

（9）潮湿区域地面，必须设计做防水且需沿垂直方向上还需做30cm延伸，经48h静水压力测试，关联区域应无任何渗漏。

（10）如果需要封闭多余地漏，一定要将排水管与地漏间的缝隙堵死，以防止水流倒溢。

（11）洗衣机地漏最好别设计用深水封地漏。因深水封地漏下水慢，设计用于淋浴间等位置的深水封地漏，由于下水量不大，地漏基本能满足排水需要。洗衣机的排水速度非常快，排水量大，深水封地漏的下水速度无法满足，以免导致水流倒溢。

（12）洗衣机位置确定后，洗衣机排水可以设计把排水管做到墙里面。

（13）电热水器、分水龙头等预留的冷水、热水上水管的注意事项：

间距——保证间距15cm（大部分电热水器、分水龙头冷热水上水管间距是15cm，个别冷热水上水管间距是10cm）。

高度——冷水、热水上水管口高度一致。

管口垂直墙面——冷水、热水上水管口垂直墙面，否则后面安装费劲。

管口高出墙面——冷水、热水上水管口伸出墙面2cm。铺墙砖时，还应该要求瓦工铺完墙砖后，保证墙砖与水管管口同一水平。尺寸不合适的话，以后安装电热水器、分水龙头等，很可能需要另外购买管箍、内丝等连接件才能完成。

（14）热水器进出水口中心间距15cm，离地120cm。

（15）冷、热水管，安装为左热右冷。

（16）冷、热水管，平行间距不小于100mm。

（17）淋浴花洒处的冷、热水管管口中心，间距15cm，离地90~110cm。

（18）浴缸进水口中心间距15cm，离地65~75cm。

（19）洗脸盆、洗菜盆进水口中心间距15cm，离地55cm左右。

6.8 家装电路设计

家装电路设计的一些要点与方法如下。

（1）一般新房装修，电线全重走。

（2）家装电路，一般选择20B硬管，保证每条线路都能是活线。

（3）确定家装电路走线，也就是选择走顶、走墙、走地是哪种方式，走顶图例如图6-6所示。

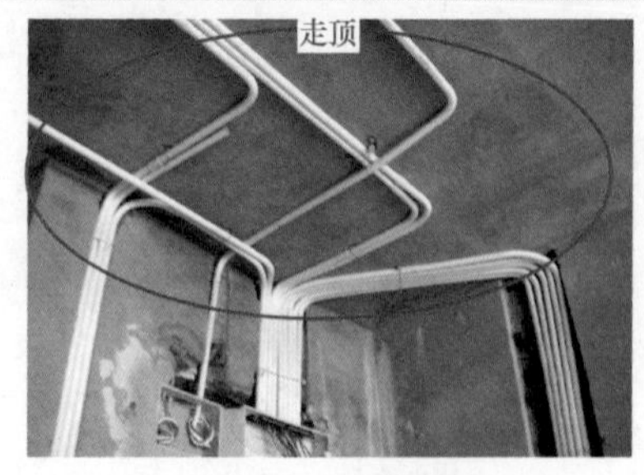

图6-6 走顶图例

（4）电线槽设计尽量少开，因开槽越多，房屋的安全性越低。

（5）电路的设计一定要详细考虑可能性、可行性、可用性后再确定。

（6）电路设计，还应注意其灵活性。

（7）电器插头比较集中的位置，可以考虑设计接一个插线板。

（8）设计时，需要注意选择的电话插座、网线插座内有无模块。

（9）环绕的音响线应该在电路改造时，就应设计埋好。

（10）强、弱电线不能设计在同一管道内，以免干扰。

（11）插座离地面一般设计为30cm，不应低于20cm。

（12）开关一般距地130cm。

（13）排风扇开关、电话插座应设计装在坐便器附近，而不设计在进卫生间门的墙边。

（14）浴霸应设计装在靠近淋浴房或浴缸的位置，而不是设计在卫生间的中心位置。

（15）带有镜子、衣帽钩的空间，要设计镜面附近的照明。

（16）一根管里最多设计三条线。

（17）电视后面没必要设计设置太多插座，最好是以后连一个插线板放在电视机侧面。

（18）电工规范中，要求埋暗管必须用PVC管，有接头的地方必须设计留面板，以备检测用。

（19）电路改造有必要根据家电使用情况设计进行线路增容。

（20）卧室顶灯可以设计双控（床边、进门处）的。

（21）客厅顶灯根据生活需要可以设计分控开关（进门厅、回主卧室门处）的。

（22）客厅、厨房、卫生间如果铺砖，一些位置可以适当设计不用开槽布线。

（23）客厅、主卧、卫生间应根据个人生活习惯、方便性，设计预设电话线。

（24）阳台、走廊、衣帽间可以设计预留插座。

（25）有些厨房的插座，需要设计带开关的，以避免日后电饭锅插头需要时常拔来拔去，不方便。

6.9 家庭断路器的设计选择

家庭断路器一般设计选择二极（即2P）断路器作总电源保护，设计选择单极（1P）作分支保护。家装断路器，正确选择额定容量电流大小很重要。

一般小型断路器规格主要以额定电流来区分，常见的有6A、10A、16A、20A、25A、32A、40A、50A、63A、80A、100A等。

一般家庭总负荷电流总值的确定如下。

（1）首先需要计算各分支电流

纯电阻性负载——灯泡、电热器等纯电阻性负载，可以用注明功率直接除以电压得到，计算公式如下：

$$I=\text{功率}/220\text{V}\quad(\text{A})$$

[举例1] 20W的灯泡，分支电流是多少？

解析： $I=20\text{W}/220\text{V}\approx0.09\text{A}$

tips：电暖器、电饭锅、电炒锅、电熨斗、电热毯、电热水器等均为阻性负载。

感性负载——荧光灯、电视机、洗衣机等感性负载，需要考虑消耗功率、功率因数等。一般感性负载，可以根据其注明负载计算出来的功率再翻 1 倍来确定。

[举例 2]　20W 的荧光灯的分支电流是多少？

解析：　I=20W/220V ≈ 0.09A

翻 1 倍得到　0.09A × 2=0.18A

（2）总负荷电流为各分支电流之和

总负荷电流，也就是各分支电流之和。知道了分支电流和总电流，则可以据此设计选择分支断路器、总闸断路器、总电能表、各支路电线规格等。

tips：为了确保安全可靠，电气部件的额定工作电流一般需要设计大于 1.5 倍所需的最大负荷电流。另外，设计时，还需要考虑到以后用电负荷增加的可能性，为以后需求设计留有余量。

6.10　强电配电箱与回路的设计

家装强电配电箱总断路器需要设计采用 2P 断路器，其他分回路可以选择采用 2P 断路器，也可以采用 1P 的分断路器。一般而言，空调等大功率电器分回路、卫生间分回路、厨房分回路、插座分回路设计选择采用 2P 的分断路器。照明分回路，可以设计选择采用 1P 的分断路器。

强电配电箱内部一般要设计采用零排、地排，这样施工接线方便，不至于强电配电箱内堆满了线。

tips：家装强电配电箱高度，一般设计为 180~210cm。

强电配电箱分回路设计是并联关系。一进多出——总断路器一进，分断路器多出。零排、地排，也为一进多出，出线也为并联关系。强电配电箱分回路设计是并联关系，图解如图 6-7 所示。

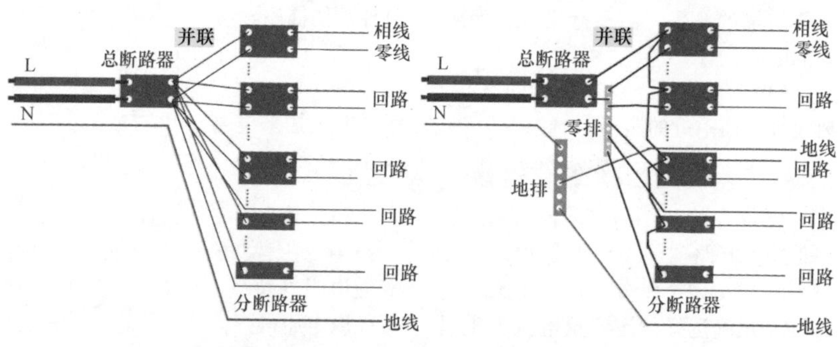

图 6-7　强电配电箱分回路设计是并联关系图解

6.11　一居室配电箱标配的设计

某项目一居室配电箱标配断路器的设计特点如图 6-8 所示。

某项目一居室配电箱标配接线设计特点如图 6-9 所示。

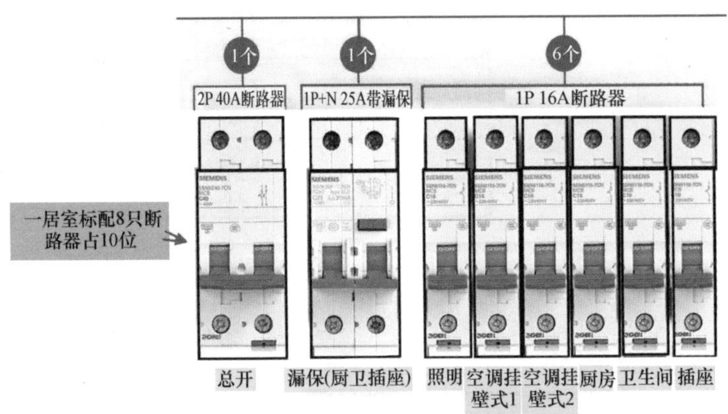

图 6-8　某项目一居室配电箱标配断路器的设计特点

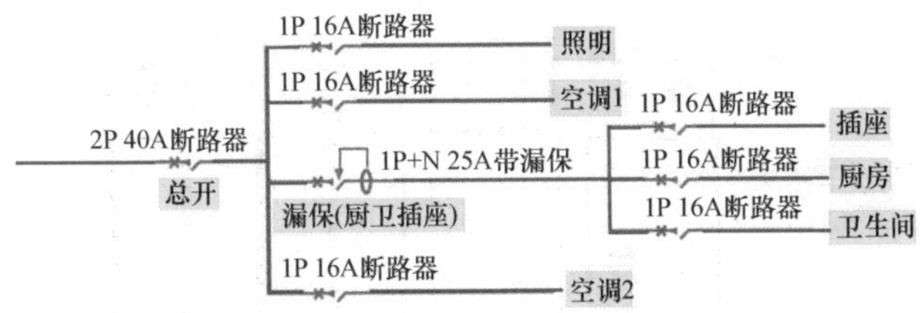

图 6-9　某项目一居室配电箱标配接线设计特点

6.12　一居室配电箱高配的设计

某项目一居室配电箱高配断路器设计特点如图 6-10 所示。

某项目一居室配电箱高配接线设计特点如图 6-11 所示。

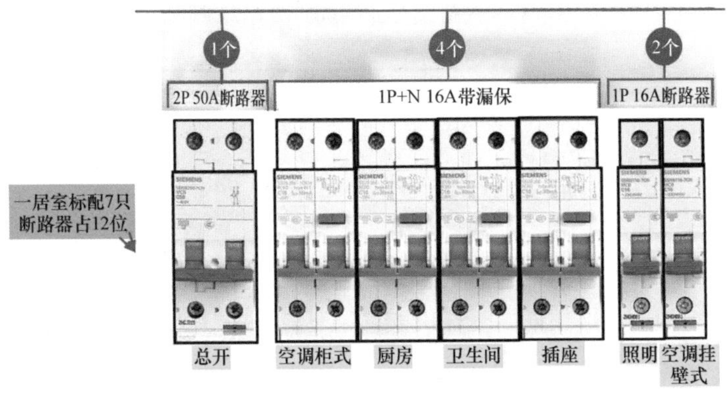

图 6-10　某项目一居室配电箱高配断路器设计特点

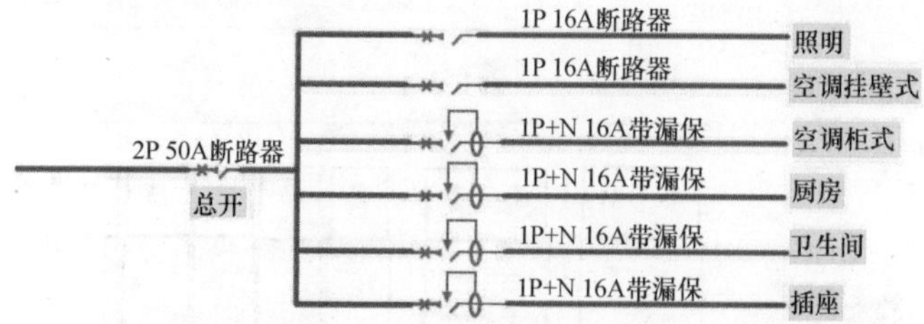

图 6-11　某项目一居室配电箱高配接线设计特点

6.13　两居室配电箱标配设计

某项目两居室配电箱标配断路器设计特点如图 6-12 所示。

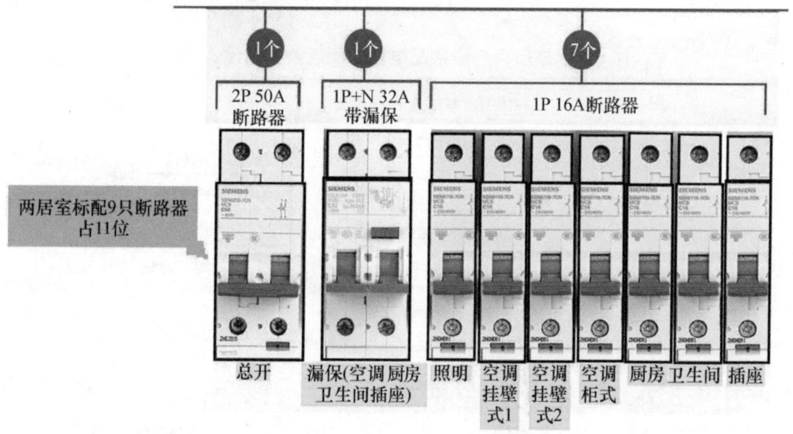

图 6-12　某项目两居室配电箱标配断路器设计特点

某项目两居室配电箱标配接线设计特点如图 6-13 所示。

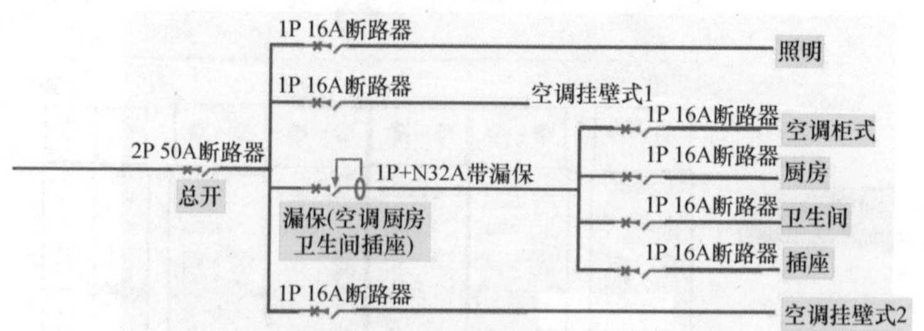

图 6-13　某项目两居室配电箱标配接线设计特点

6.14　两居室配电箱高配设计

某项目两居室配电箱高配断路器设计特点如图 6-14 所示。

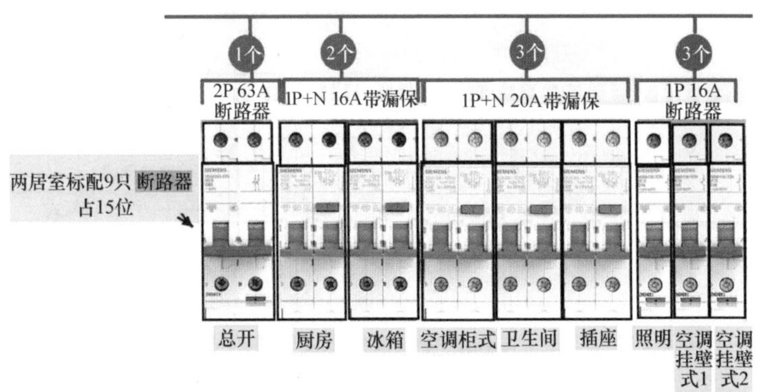

图 6-14　某项目两居室配电箱高配断路器设计特点

某项目两居室配电箱高配接线设计特点如图 6-15 所示。

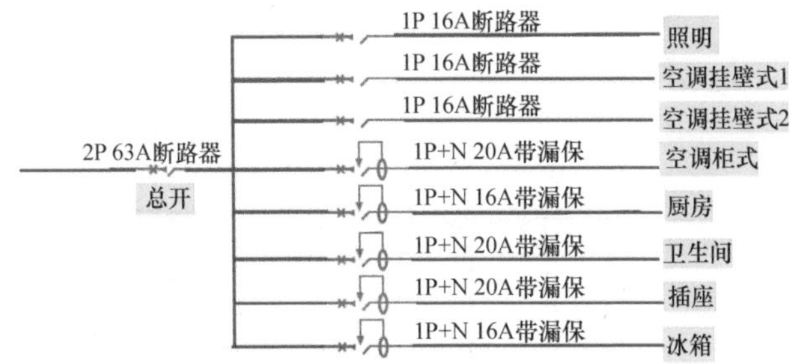

图 6-15　某项目两居室配电箱高配接线设计特点

6.15　三居室配电箱标配设计

某项目三居室配电箱标配断路器设计特点如图 6-16 所示。

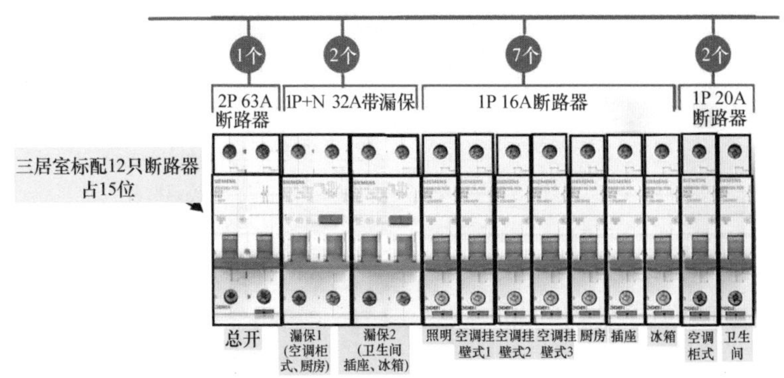

图 6-16　某项目三居室配电箱标配断路器设计特点

某项目三居室配电箱标配接线设计特点如图 6-17 所示。

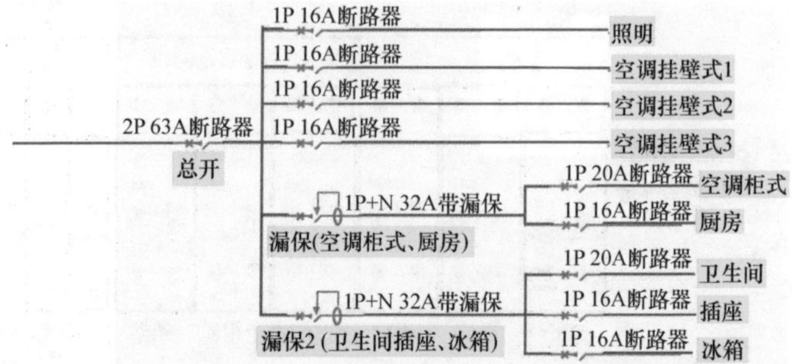

图 6-17　某项目三居室配电箱标配接线设计特点

6.16　三居室配电箱高配设计

某项目三居室配电箱高配断路器设计特点如图 6-18 所示。

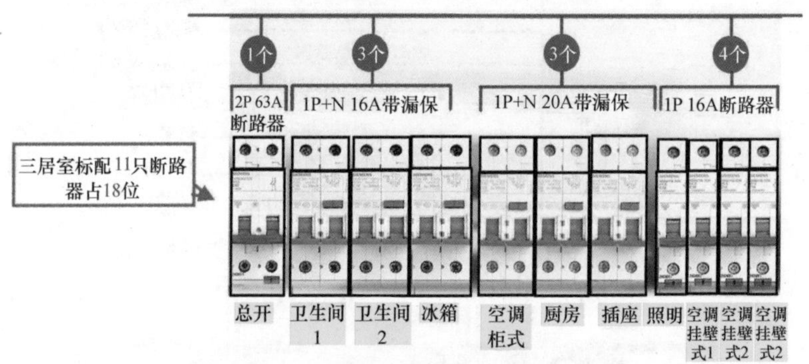

图 6-18　某项目三居室配电箱高配断路器设计特点

某项目三居室配电箱高配接线设计特点如图 6-19 所示。

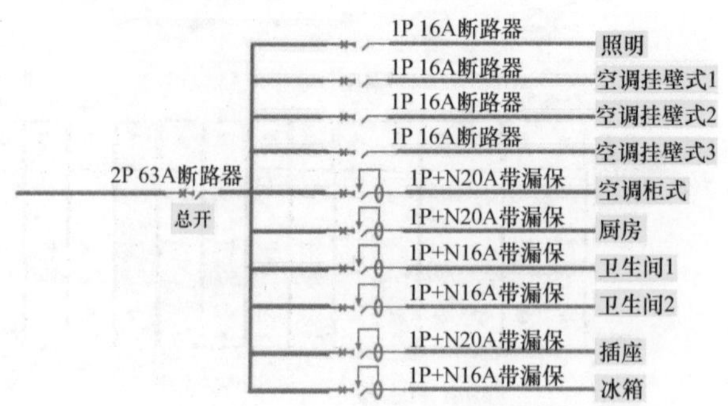

图 6-19　某项目三居室配电箱高配接线设计特点

6.17 家装开关插座的设计概述

家装开关插座的设计的一些要点与特点如下。

（1）设计开关插座的位置，首先需要确定各个自然间将来扮演的角色，主要电器、家具的摆放，家人的生活习惯。

tips：喜欢边吃饭边看电视的家庭，需要考虑饭厅设计安装有线插座。喜欢吃火锅的，需要设计安装地插等。

（2）小家电的插座，需要根据摆放位置来设计，但不能设计装在小家电的正上方，避免被烫伤。

（3）水电设计，需要提前与油工、瓦工沟通。

（4）一般而言，潮湿或近水区域的插座需要设计防潮盖，而开关可以不设计安装防潮盖。

（5）同一室内的电源、电话、电视等插座面板，应设计在用一水平标高上，无特殊要求普通插座距地面设计为30cm。

（6）开关位置，设计为便于操作，边缘距地面高度120~140cm。

（7）家装一般开关插座的参考高度：

橱柜操作台插座高度——120cm。

橱柜抽油烟机插座高度（集成灶插座在橱柜地柜里面）——225cm。

挂墙电视插座高度——100cm。

开关面板高度——140cm。

空调插座高度，距离顶面——20cm。

燃气热水器插座高度——140cm。

卫生间坐便器插座高度——60cm。

卫生间洗手盆插座高度——140cm。

视听设备、台灯、接线板等墙上插座，一般距离地面设计——30cm。

排气扇插座距地面——190~200cm。

（8）方便性而言，插座设计放在柜子的上面，距离柜子15cm为最佳。

（9）如果常常更改家具摆放的位置，则每面墙都要设计有插座预留。

（10）有孩子的家庭，厨房卫生间里，最好设计安全挡片，挡住不用的插座孔。

（11）一般插座下沿，设计距地面0.3m，且安装在同一高度，设计相差不能超过5mm。

（12）客厅、卧室每个墙面，两个插座间距离当不大于2.5m，距离墙角0.6m范围内，至少设计安装一个备用插座。

（13）抽油烟机插座，需要根据橱柜来设计安装在距地1.8~2m高度，最好能为脱排管道所遮蔽。

（14）抽油烟机的插座、排烟道呈左右对称方向，距离地面2m左右。

（15）电热水器插座，可以设计在热水器右侧距地1.4~1.5m，注意不要将插座设计在电热水器上方。

（16）净水器、小厨宝的插座，一般建议设计装在水槽下方的橱柜里，距离地面0.5m左右。

（17）如果厨房要摆放冰箱，需要设计预留插座。如果需要摆放烤箱、消毒柜等内嵌的家电，需要注意插座的设计位置、高度。

（18）电冰箱插座距地面，设计0.3m或1.5m（根据冰箱位置而定），并且宜设计选择单三孔插座。

（19）近灶台上方处不得设计安装插座。

（20）洗衣机插座、电热水器插座、书房计算机连插线板插座、橱柜台面两个备用插座，一般设计选择带开关的插座。其中，电饭锅、电热水壶这类电器两次任务间插来拔去的，很麻烦，则可以考虑在橱柜台面的备用插座，设计使用带开关的插座。

（21）洗衣机插座距地面设计1.2~1.5m间，最好设计选择带开关三孔插座。

（22）台盆镜旁，可设计设置电吹风、剃须用电源插座，离地设计1.5~1.6m为宜。

（23）分体式、挂壁式空调插座，需要根据出线管预留洞位置距地面1.8m处设置。窗式空调插座，可设计在窗口旁，距地面1.4m处设计设置。

（24）柜式空调器电源插座，需要在相应位置距地面0.3m处设计设置。

（25）露台插座距地面在1.4m以上，设计尽可能避开阳光、雨水所及范围。

（26）厨房、卫生间、露台，插座设计安装尽可能远离用水区域。如果靠近用水区域，需要设计加配插座防溅盒。

（27）设计开关插座时，需要注意不要把开关插座遮挡了。

（28）床头与门口，设计安装双控开关，这样不管刚进门，还是在床上都能够方便开关灯。

（29）厨房的功能插座，一般设计距离地面110cm高。

6.18 家居功能间常见开关插座的设计

家居功能间常见开关插座的参考设计案例见表6-2。

表6-2 家居功能间常见开关插座的参考设计案例

家居功能间	常见开关插座的设计
餐厅	餐桌——设计五孔插座1个，留作备用火锅电源用 餐边柜——设计插座2个，留作电器使用 空调——设计16A三孔插座
厨房	洗菜盆——设计插座1个，留作小厨宝、净水器等电源用 操作台——设计插座3个，留作电器使用 烟机、灶具——设计1个插座，灶具一般使用干电池，如果有燃气报警器，则需要设计预留插座 电冰箱插座——高度设计为400~500mm，设在电冰箱一侧，以避开电冰箱散热器 抽油烟机插座——高度最好设计在2000~2200mm间，放到烟机正后方，可以遮挡线路 燃气热水器插座——设计要高于冷热水点位300mm，以便于防水 燃气表报警器插座——最好安装在燃气表的一侧，吊柜内，既看不到线路也容易插插头 设计一个带开关五孔插座——避免湿手手拔开关造成意外事故 设计配备防溅盒——多一重保护
次卧室（儿童房）	开关——设计1个（次卧室顶灯用） 插座——设计4个（空调、电话、台灯插座、备用插座用）

（续）

家居功能间	常见开关插座的设计
客厅	沙发——沙发两侧设计错位五孔插座（以便充电或者辅助灯具用） 电视柜——一般需要设计4个插座和网络面板、有线电视面板。电视墙处建议最好设计用组合插座 空调——需要设计16A插座1个 跨门的部分门两侧——最好都设计1个插座，都留在靠近墙角的地方比较美观实用
书房	开关——设计1个（书房顶灯用） 插座——设计6个（网口、空调、电话、书房台灯、计算机、备用插座用）
卫生间	洗手盆——设计两个插座，吹风机、电动牙刷1个，台盆下小厨宝1个 坐便器——设计1个五孔插座，使用智能坐便器时备用 洗衣机——设计1个16A三孔插座，如果与洗手盆放在一起做台面，也可以把插座放在洗手盆下面 干湿分离的卫生间——设计加1个开关控制 吹风机插座——设计距地1300mm，方便使用 tips：吹风机、洗衣机、坐便器插座，最好设计都配有防溅盒，做到防潮防水 梳妆镜边高处，设计1个插座，供吹风机等用
主卧室	床头——两边各设计有插座、双控开关，床头最好设计配置1个带USB充电插座，床两头分别设计配置1个错位插座、1个五孔插座，以便台灯/计算机/手机同时使用，床头插座高度，最好设计设置为离地750mm，床头柜以上，以便使用，床对面最好放1个五孔插座，以便梳妆台灯使用或主卧电视使用 书桌——插座一般设计在台面的上方，以方便充电及移动设备的使用 电视机——需要设计2个插座，电视机、机顶盒各需1个 空调——需要设计16A插座1个
玄关、过道	设计预留插座——供安装智能鞋柜等用 独立玄关——在门口设置开关，以免晚上回家后可免去长距离摸索开关的烦恼 过道——长过道，应在过道两头与中间均设计插座；短过道，则根据实际在两头，或者中间设计插座即可
阳台	开关——设计1个开关（供阳台顶灯用） 插座——设计1个（备用插座） 洗衣机——如果要用洗衣机，则最好两侧都设计1个，以备不时之需（避免跨门）
次主卧室	开关——设计1个或2个（卧室顶灯用，用2个时为双控开关） 插座——设计6个（两个床头灯、空调、电话、电视、地灯用）

注：可以根据情况需要做适当的调整。

6.19 家装空调开关插座的设计

家装空调，一般单独设计一路断路器来控制，并且插座设计不放两边，放上面，并且设计空调离天花板有15cm以上距离即可。该设计，不需要方便插拔，可由断路器控制即可。空调插座的设计图例如图6-20所示。

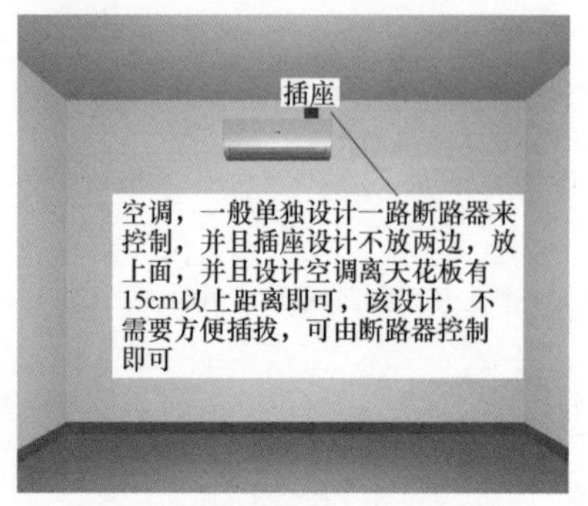

图 6-20　空调插座的设计图例

空调插座常见的设计图例如图 6-21 所示。

图 6-21　空调插座常见的设计图例

6.20　家装冰箱开关插座的设计

家装冰箱，一般单独设计一路断路器来控制，并且设计安装不靠墙，大概离墙 10cm，且能够挡住插座。常见的设计，为 1.5m 的高度。如果设计 0.3m 高度，太低。家里有孩子的，尽量避免设计低位的插座。冰箱插座的设计图例如图 6-22 所示。

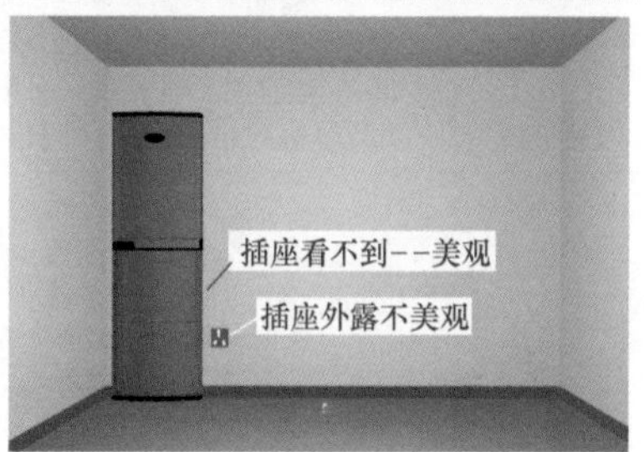

图 6-22　冰箱插座的设计图例

6.21　一开五孔插座接线的设计

一开五孔墙壁开关，其接线图有两种方式：

一种是开关控制插座的接线图；另一种是开关不控制插座的接线图。

一开五孔墙壁开关两种接线方法是根据需求来设计接线的，无所谓哪种好哪种不好。一开五孔的接线如图 6-23 所示，接线方式 1（图中）就是开关控制插座的接线图，其原理就是通过开关串联到插座上来控制插座是否通电。接线方式 2（图右）的方法，就是开关和插座单独接线，所以开关不能控制插座。

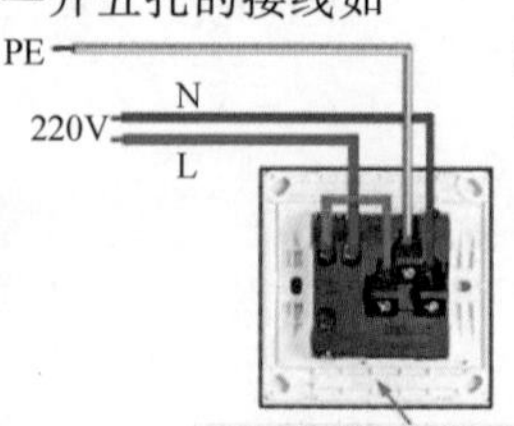

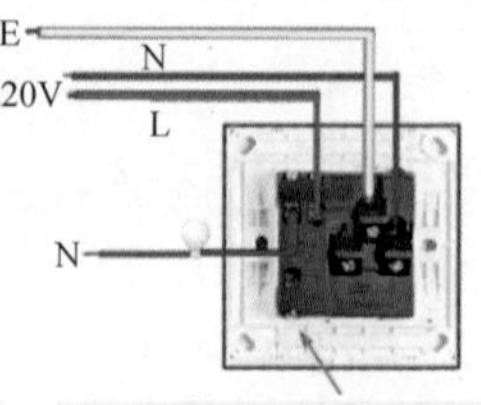

图 6-23　一开五孔插座接线的设计

6.22 单开双控开关接线的设计

单开双控又叫一开双控。该种双控开关每组有 3 个接线端子。

家用电线线路有相线、零线、接地线 3 条线。接地线一般是用黄绿双色线，蓝色是零线，红色的是相线。

单开双控开关接线的设计图例如图 6-24 所示。

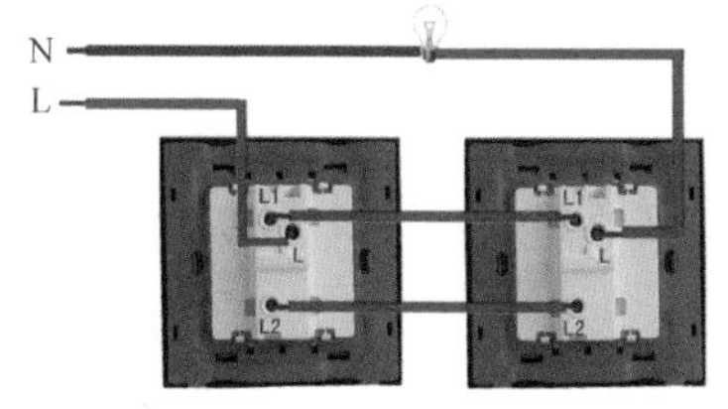

图 6-24　单开双控开关接线的设计图例

开关用来控制插座的电源的通断，可以根据单开双控开关接线图来接线：把相线接入一只双控开关的 L 接线端子（相线进线口），将该开关的 L1 接线端子（相线出线口）与另一只双控开关的 L1 端子连接，该开关的 L2 端子与另一只双控开关的 L2 端子连接，然后将另一只双控开关的 L 接线端子（相线接线口）连接到灯泡的相线端，将零线接入灯泡的零线端。

单开单控与单开双控的接线比较如下：单开单控与单开双控的接线图例如图 6-25 所示。单控开关中的 L 接线端接进线相线，N 接线端接出线端相线并且接到灯泡的相线端，零线直接接到灯泡的零线端即可。

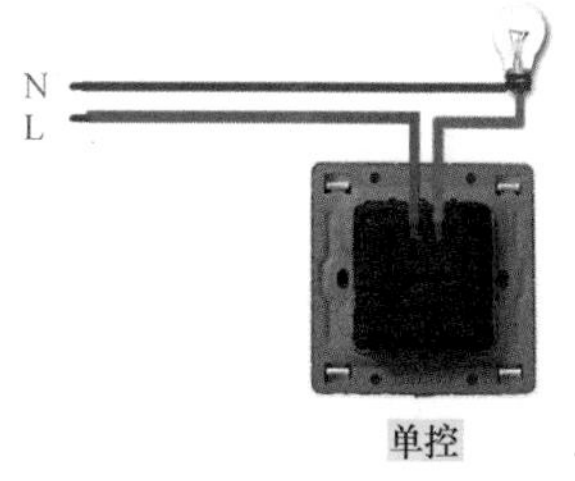

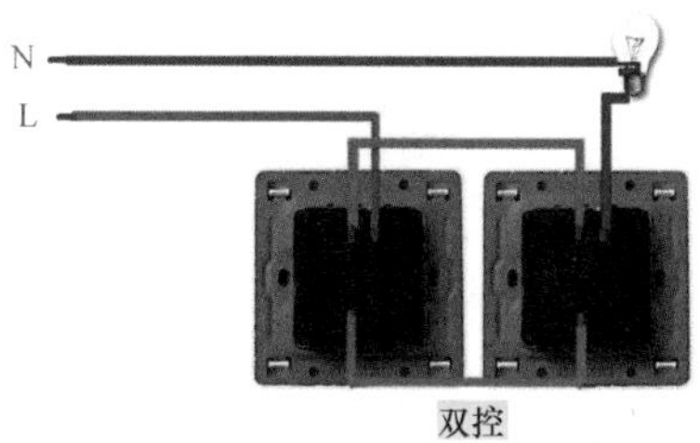

图 6-25　单开单控与单开双控的接线图例

6.23 插座开关设计的注意点

插座开关设计的一些注意点如下。

（1）插座开关设计无遮挡

插座被遮挡导致无法使用的情况，常常发生的位置主要有：电视柜、床头柜、沙发等。为避免该现象的出现，因此，设计布置插座开关前，需要设计好家具的位置，并且每个家具的位置确定后，最好不要更改，以免直接影响到插座开关的使用率。

（2）设计选择多类型插座正确

如果多类型插座间距不合理，会导致不方便无法使用的情况。常见的是因插座设计本身缺陷，导致插座功能未能合理使用，出现“插头打架”等现象。为此，需要设计选择错位插孔的插座，图例如图 6-26 所示。

图 6-26　错位插孔的插座

（3）设计选择带开关的插座

几乎所有的家用电器都有待机耗电，如果每次拔插，很麻烦。为此，需要设计选择带开关的插座。带开关的插座图例如图 6-27 所示。

图 6-27　带开关的插座图例

（4）设计多个开关插座间的距离要恰当

如果开关插座间隔过大，不美观，图例如图 6-28 所示。

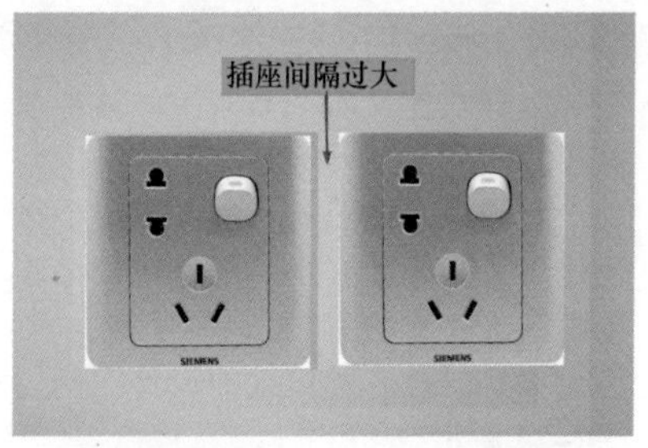

图 6-28　设计多个开关插座间的间隔要恰当

（5）设计两个并排开关插座应高度一致

如果两个插座不在一条水平线，一高一低，不美观，图例如图 6-29 所示。

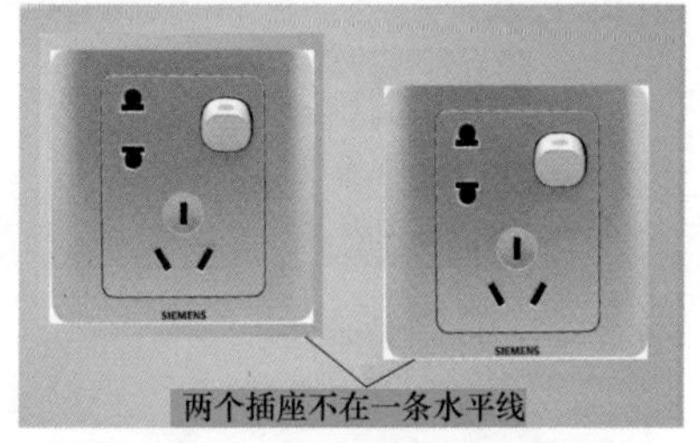

图 6-29　设计两个并排开关插座应高度一致

（6）设计开关插座要正

如果开关插座歪了，不美观，使用也不便，图例如图 6-30 所示。

图 6-30　设计开关插座要正

6.24　家装灯具的设计

家装灯具的一些设计参考见表 6-3。

表 6-3 家装灯具的一些设计参考

名称	灯具的一些设计参考
餐厅灯	可以设计安装吊灯、吸顶灯
厨卫灯	厨房、卫生间，一般需要设计选择具有防潮功能的灯 厨房照明除了设计考虑能够提高工作效率外，更能提高安全性
次卧室、书房	书房多用于看书学习，灯光需要设计亮一些，且灯宜简不宜繁
客厅	客厅、餐厅是最能够体现室内档次的装修的地方，因此，灯需要选择华贵一些
门厅、过廊灯	入户门厅灯，一般设计选择多用冷光灯管配吊顶，稍微亮一点为好；室内过廊灯，一般设计选择暖光灯，或者暖光灯管配吊顶，以避免晚上起夜上厕所，被冷光灯照得困意全无
阳台灯	阳台灯，如果当作纯照明用，可以设计选择一款便宜的吸顶灯；如果作为阳台装饰，则可以设计选择一款具有装饰作用的艺术灯具
主卧室	主卧室，可以设计选择羊皮灯等，床头，设计放一盏灯，具有阅读或夜灯的功能

[举例] 某项目家居用灯的布局图例如图 6-31 所示。

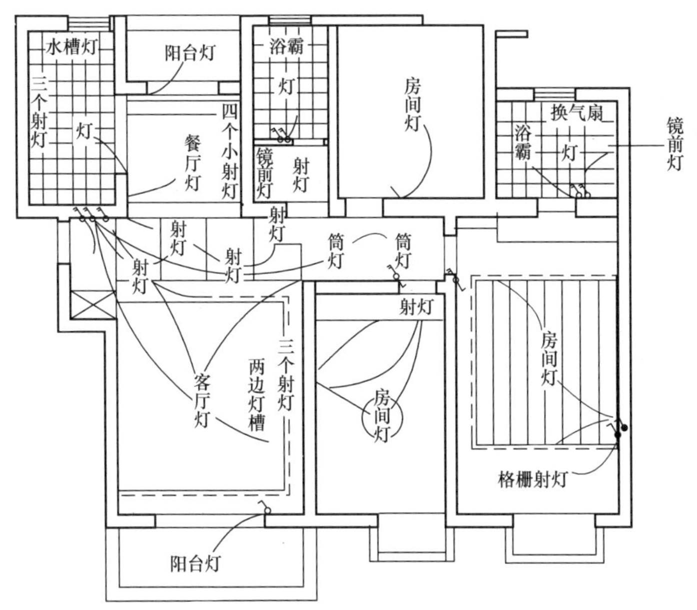

图 6-31 某项目家居用灯的布局图例

第 7 章

实战设计——店装、公装水电设计你也会

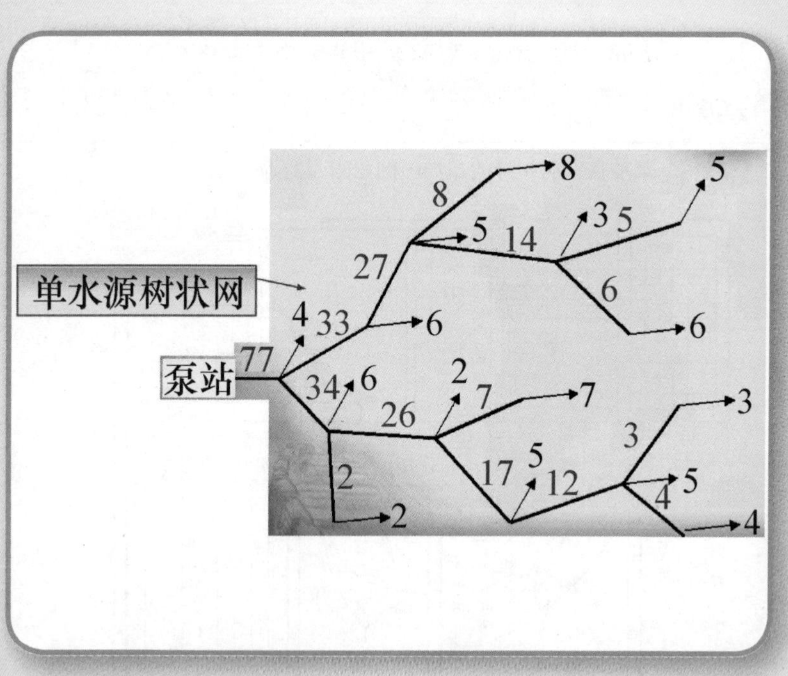

7.1 店装、公装水电设计涉及的专业设计

店装、公装水电设计涉及的一些专业设计如图 7-1 所示。

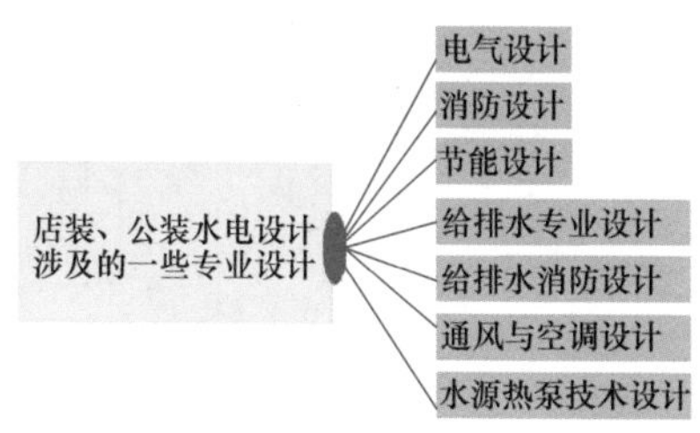

图 7-1 店装、公装水电设计涉及的一些专业设计

7.2 管段设计流量分配的计算

管段设计流量是确定管段直径的主要依据。计算求得节点流量后，就可以进行管网的流量分配，分配到各管段的流量，具体包括沿线流量、转输流量。

（1）环状网

环状网满足连续性条件的流量分配方案可以有无数多种。环状网图例如图 7-2 所示。

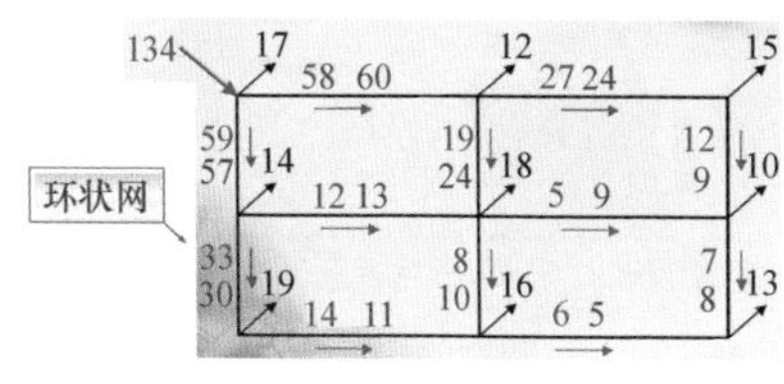

图 7-2 环状网图例

（2）单水源树状网

树状网的管段流量具有唯一性，每一管段的计算流量等于该管段后面各节点流量和大用户集中用水量之和。单水源树状网图例如图 7-3 所示。

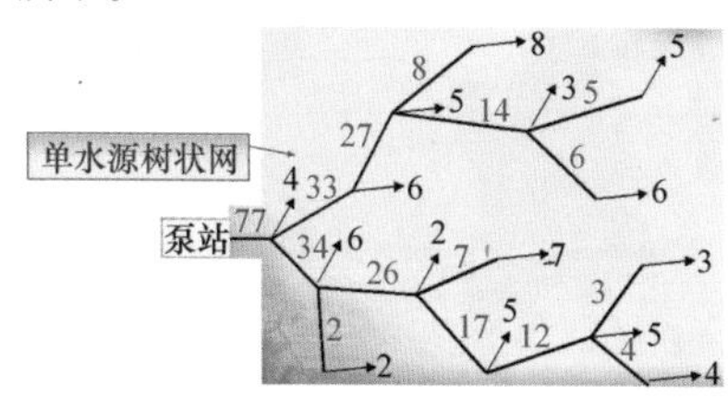

图 7-3 单水源树状网图例

流量分配遵循的一些原则如下。

1）从水源或多个水源出发进行管段设计流量计算，根据水流沿最短线路流向节点的原则拟定水流方向。

2）每一节点满足进流量、出流量平衡。

3）当向两个或两个以上方向分配设计流量时，需要向主要供水方向或大用户用水分配较大的流量，向次要用户分配较少的流量。

4）顺主要供水方向延伸的几条平行干管所分配的计算流量，需要大致接近。

7.3 常见电光源接线

常见电光源接线示意见表 7-1。

表 7-1　常见电光源接线示意

光源类	电气接线图	光源类	电气接线图
高压汞灯	熔断器 HQ镇流器 电容 ~220V 50Hz HQL	12V卤钨灯电子变压器	L 220V N 220V 12V 其他变压器
欧标金属卤化物灯	熔断器 NG镇流器 B L ~220V 50Hz PFC电容 CD-7H N	LED 灯	主电源 供电单元 LED灯 N L OT + − 调节器 + − 控制信号(1~10V)
美标金属卤化物灯（配漏磁式线路）	熔断器 JLZ.....L JLC R ~220V 50Hz		
美标金属卤化物灯（阻抗式线路）	熔断器 HQ镇流器 ~220V 50Hz SIG400 触发器 电容	高压钠灯（标准，超级，双内管）	NG镇流器 熔断器 B L ~220V 50Hz PFC电容 CD-7H N

7.4　常见照明控制线

常见照明控制线示意见表 7-2。

表 7-2　常见照明控制线示意

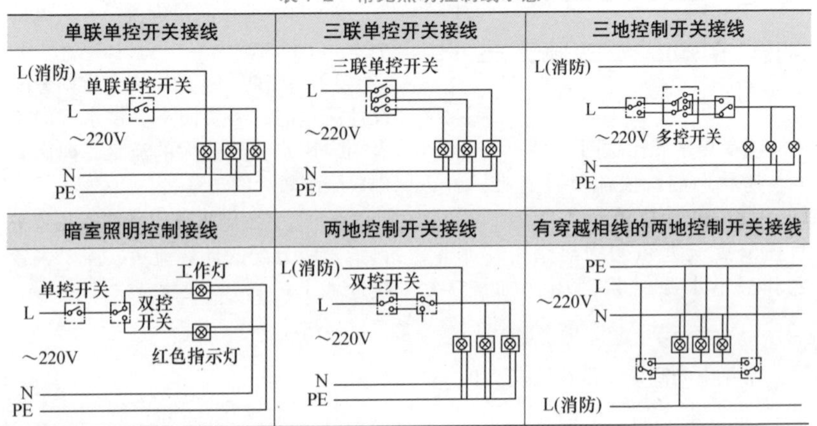

7.5 大型商业建筑的一些术语

大型商业建筑的一些术语见表 7-3。

表 7-3 大型商业建筑的一些术语

名称	解说
安全出口	供人员疏散用的疏散楼梯 (间) 或直通室外安全区域的出口
安全出口宽度	供人员疏散的疏散楼梯 (间) 或直通室外安全区域的出口的净宽度。其中，防烟楼梯间的安全出口宽度按楼梯间梯段净宽度、前室门的净宽度、楼梯间门的净宽度中的最小者取值，楼梯间梯段净宽度为墙面至扶手内边缘或扶手内边缘间的水平距离
安全疏散通道	连接首层（坡地大型商业建筑的平顶层和底层）楼梯（间）到室外出口的通道
大型商业建筑	用于商业经营活动的任一楼层建筑面积≥ 5000m^2，或总建筑面积≥ 15000m^2 的建筑
地下防火隔离区	地下商业建筑总建筑面积超过 20000m^2 时，商场的两个防火分区间或两个商场间所设置的开敞式或封闭式防火隔离区域
柜架式营业区域	商业营业厅内无固定隔断，采用柜台、货架等展示商品的布置方式，人员能够到达，进行交易的区域
商铺式营业区域	商业营业厅内采用隔断将营业空间分成各个独立商铺，人员能够到达，进行交易的区域
商业营业厅	用于商业营业活动的建筑室内空间
疏散出口	用于人员疏散出某一区域的出口
疏散集散区	商业营业厅内疏散走道通向安全出口的缓冲、集散区域
疏散通道宽度	商业营业区域内通向安全出口的疏散通道的净宽度
消防扑救场地	消防车辆靠近建筑实施扑救作业所需场地
消防扑救面	消防车辆靠近建筑实施扑救作业所需建筑外墙面

7.6 办公室照明设计的要求

办公室照明设计的一些要求如下。

（1）办公时间几乎是白天，因此人工照明需要与天然采光结合设计形成舒适的照明环境。

（2）在有计算机终端设备的办公用房，应避免设计在屏幕上出现人、物等的映像。

（3）在难于确定工作位置时，可设计选用发光面积大、亮度低的双向蝙蝠翼式配光灯具。

（4）经理办公室照明需要设计写字台的照度、会客空间的照度、必要的电气设备。

（5）以集会为主的礼堂舞台区照明，可设计采用顶灯配以台前安装的辅助照明，并使平均垂直照度不小于 300lx。

（6）会议室照明需要设计会议桌上方的照明为主要照明。使人产生中心、集中的感觉。照度要合适，周围设计加设辅助照明。

（7）办公室照明灯具宜设计采用荧光灯。

（8）办公室的一般照明宜设计采用荧光灯时，宜设计使灯具纵轴与水平视线平行，不宜设计将灯具布置在工作位置的正前方。

7.7 体育建筑负荷的分级与照度功率密度值

体育建筑电气设计涉及供配电系统、配变电站选择与设计、继电保护与电气测量设计、应急/备用电源设计、低压配电设计、比赛场地照明设计、应急照明与附属用房照明设计、常用设备电气装置设计、配电线路布线系统设计、防雷与接地设计、设备管理系统设计、信息设施系统设计、专用设施系统设计、机房设计等。

体育建筑电气设计的具体内容，其实还与体育建筑负荷的分级有关。体育建筑负荷的分级见表7-4。

表7-4 体育建筑负荷的分级

体育建筑等级	负荷等级			
	一级负荷中特别重要的负荷	一级负荷	二级负荷	三级负荷
特级	A	B	C	D+其他
甲级	—	A	B	C+D+其他
乙级	—	—	A+B	C+D+其他
丙级	—	—	A+B	C+D+其他
其他	—	—	—	所有负荷

注：1. A包括主席台、贵宾室及其接待室、新闻发布厅等照明负荷，应急照明负荷，计时记分、现场影像采集及回放、升旗控制等系统及其机房用电负荷，网络机房、固定通信机房、扩声及广播机房等用电负荷，电台和电视转播设备，消防和安防用电设备等。
2. B包括临时医疗站、兴奋剂检查室、血样收集室等用电设备，VIP办公室、奖牌存储室、运动员及裁判员用房、包厢、观众席等照明负荷，建筑设备管理系统、售检票系统等用电负荷，生活水泵、污水泵等设备。
3. C包括普通办公用房、广场照明等用电负荷。
4. D普通库房、景观等用电负荷。

设计时，需要根据体育建筑负荷的分级得到具体设计体育建筑的负荷级别。然后，根据负荷级别，理解、把握相应负荷级别的要求。

tips：不同用电负荷级别的特点见表7-5。

乙级及以上等级体育建筑的场地照明单位照度功率密度值见表7-6。

表7-5 不同用电负荷级别的特点

级别	特　点
三级负荷用户、三级负荷设备的供电	三级负荷是指突然停电损失不大的负荷，包括不属于一级与二级负荷范围的用电负荷； 三级负荷用户与三级负荷设备的供电均无特殊要求，但是，应尽量把配电系统设计得简洁可靠，尽量减少配电级数

（续）

级别	特　点
二级负荷用户、二级负荷设备的供电	二级负荷是指突然停电将产生大量废品，大量减产，损坏生产设备，在经济上造成较大损失的负荷。 （1）二级负荷宜由两回线路供电。第二电源可来自地区电力网或邻近单位，也可根据实际情况设置柴油发电机组（必须采取措施防止其与正常电源并列运行的措施），在最末一级配电装置处自动切换； （2）采用架空线时，可为一回架空线供电； （3）在负荷较小或地区供电条件困难时，二级负荷可由一回 6kV 及以上专用的架空线路或电缆供电； （4）由变电站引出可靠的专用的单回路供电（消防设备不适用）； （5）应急照明等比较分散的小容量用电负荷可以采用一路市电加 EPS，也可采用一路电源与设备自带的（干）蓄电池（组）在设备处自动切换； （6）采用电缆线路时，应采用两根电缆组成的线路供电，其每根电缆均应能承受 100% 的二级负荷； （7）也可以由同一区域变电站的不同母线引两回线路供电； （8）双回路（有条件则用双电源）供电到适当的配电点，自动互投后用专线以放射式送到用电设备或者用电设备的控制装置上（消防设备不适用）
一级负荷的供电电源	以下情况属于一级负荷：中断供电将造成重大政治影响者、中断供电将造成重大经济损失者、中断供电将造成人身伤亡者、中断供电将造成公共场所秩序严重混乱者。 一级负荷的供电电源的特点： （1）一般需要采用两个独立电源供电，也就是当一个电源发生故障时，另一个电源不应同时受到损坏，每个电源均应有承担全部一级负荷的能力； （2）如果是特别重要的负荷，除由两个独立电源供电外，还需要增设应急电源、自备电源（视具体情况采用柴油发电机组等），并且严禁将其他负荷接入应急供电系统，并且，变电站内的低压配电系统中应设置专供普通一级负荷及特别重要一级负荷的应急供电系统，此系统严禁接入其他级别的用电负荷； （3）有条件的一级负荷在最末一级配电装置处自动切换，消防用一级负荷必须在最末一级配电装置处自动切换，无条件的一些非消防用的一级负荷可以在适当的配电点自动互投后用专线送到用电设备或者用电设备的控制装置上即可； （4）一级负荷用户变配电室内的高压配电系统与低压配电系统均应采用单母线分段、分列运行、互为备用的做法； （5）特别重要负荷用户，必须考虑在第一电源检修或故障的同时第二电源发生故障的可能，因此应有应急电源

表 7-6　乙级及以上等级体育建筑的场地照明单位照度功率密度值

场地名称	单位照度功率密度 /[W/(lx · m²)]	
	现行值	目标值
足球场	5.17×10^{-2}	4.21×10^{-2}
足球、田径综合体育场	3.56×10^{-2}	2.90×10^{-2}
综合体育馆	14.04×10^{-2}	11.44×10^{-2}
游泳馆	9.86×10^{-2}	8.03×10^{-2}
网球场	18.00×10^{-2}	14.66×10^{-2}

注：1. 本表适用于有电视转播的场地照明。
2. 本表对应于场地照明主摄像机方向上的垂直照度，面积是最大场地运动项目的场地面积值。

7.8 体育建筑配电变压器的赛时负荷率

体育建筑配电变压器的赛时负荷率，设计一般需要符合表 7-7 的规定。

表 7-7 配电变压器的赛时负荷率

建筑等级	赛时负荷率
特级、甲级	≤ 60%
乙级及以下	≤ 80%

7.9 体育建筑的导体材料的设计选择

消防设备供电干线或分支干线的耐火等级设计选择见表 7-8。非消防设备供电干线或分支干线的阻燃要求设计选择见表 7-9。体育建筑电线的阻燃级别设计选择见表 7-10。

表 7-8 消防设备供电干线或分支干线的耐火等级

体育建筑等级	消防设备干线或分支干线
特级体育建筑或特大型体育场馆	应采用矿物绝缘电缆； 当线路的敷设保护措施满足防火要求时，可采用阻燃耐火型电缆
甲级、乙级体育建筑或大、中型体育场馆	宜采用矿物绝缘电缆或阻燃耐火型电缆
丙级体育建筑或小型体育场馆	宜采用阻燃耐火型电缆

表 7-9 非消防设备供电干线或分支干线的阻燃要求

体育建筑等级	阻燃级别	阻燃要求
特级和甲级体育建筑或特大型、大型体育场馆	A 级	低烟低毒
乙级或丙级体育建筑或中型体育场馆	B 级	低烟低毒
其他等级的体育建筑	C 级	低烟低毒

表 7-10 体育建筑电线的阻燃级别设计选择

体育建筑等级	电线截面积 /mm^2	阻燃级别
特级和甲级体育建筑或特大型、大型体育场馆	≥ 50	B 级
	≤ 35	C 级
乙级和丙级体育建筑或中型体育场馆	≥ 50	C 级
	≤ 35	D 级
其他等级的体育建筑	所有截面积	D 级

7.10 体育建筑的场地照明控制模式的设计选择

体育建筑的场地照明控制模式的设计选择见表 7-11。

表 7-11 体育建筑场地照明控制模式的设计选择

照明控制模式		建筑等级（类型）			
		特级（特大型）	甲级（大型）	乙级（中型）	丙级（小型）
有电视转播	HDTV 转播重大国际比赛	√	○	×	×
	TV 转播重大国际比赛	√	√	○	×
	TV 转播国家、国际比赛	√	√	√	○
	TV 应急	√	○	○	×

（续）

照明控制模式		建筑等级（类型）			
		特级（特大型）	甲级（大型）	乙级（中型）	丙级（小型）
无电视转播	专业比赛	√	√	√	○
	业余比赛、专业训练	√	√	○	√
	训练和娱乐活动	√	√	√	○
	清扫	√	√	√	√

注：表中√表示应采用；○表示视具体情况决定；× 表示不采用。

7.11 体育建筑设备管理系统的设计配置

体育建筑设备管理系统的设计配置见表 7-12。

表 7-12 体育建筑设备管理系统的设计配置

系统配置	建筑等级（类型）				
	特级（特大型）	甲级（大型）	乙级（中型）	丙级（小型）	其他
建筑设备监控系统	√	√	○	○	○
火灾自动报警系统	√	√	√	√	○
安全技术防范系统	√	√	√	○	○
建筑设备集成管理系统	√	√	○	×	×

注：表中√表示应采用；○表示宜采用；× 表示可不采用。

7.12 体育建筑扩声特性指标与信息设施系统的设计配置

体育建筑的扩声特性指标见表 7-13，体育建筑信息设施系统的设计配置见表 7-14。

表 7-13 体育建筑的扩声特性指标

等级	最大声压级（峰值）	传输频率特性	传声增益	稳态声场不均匀度	语言传输指数（STIPA）	系统总噪声级	总噪声级
一级	额定通带内：≥ 105dB	符合附录A的规定	125~4000Hz 的平均值≥ −10dB	1000Hz、4000Hz、大部分区域≤ 8dB	> 0.5	NR-25	NR-30/35
二级	额定通带内：≥ 100dB		125~4000Hz 的平均值≥ −12dB	1000Hz、4000Hz、大部分区域≤ 10dB	≥ 0.5	NR-25	NR-35
三级	额定通带内：≥ 95dB		250~4000Hz 的平均值≥ −12dB	1000Hz、4000Hz、大部分区域≤ 10dB/12dB	≥ 0.5/0.45	NR-30	NR-35/40

注：1. 表中所列扩声特性指标只供固定安装系统设计时采用。
2. “/”前的数值为室内体育馆的指标，“/”后的数值为体育场的指标。
3. 语言传输指数系指空场时的指标。

表 7-14　体育建筑信息设施系统的设计配置

系统配置	建筑等级（类型）				
	特级（特大型）	甲级（大型）	乙级（中型）	丙级（小型）	其他
综合布线系统	√	√	√	○	○
语音通信系统	√	√	○	○	○
信息网络系统	√	√	○	○	○
有线电视系统	√	√	√	○	○
公共广播系统	√	√	√	√	○
电子会议系统	√	√	○	×	×

注：表中√表示应采用；○表示宜采用；× 表示可不采用。

7.13　会展建筑主要用电负荷分级的设计选择

会展建筑主要用电负荷分级的设计选择见表 7-15。

表 7-15　会展建筑主要用电负荷分级的设计选择

会展建筑规模	主要用电负荷名称	负荷级别
特大型	应急响应系统	一级负荷中特别重要的负荷
	客梯、排污泵、生活水泵	一级
	展厅照明、主要展览用电、通风机、闸门口	二级
大型	客梯	一级
	展厅照明、主要展览用电、排污泵、生活水泵、通风机、闸口机	二级
中型	展厅照明、主要展览用电、客梯、排污泵、生活水泵、通风机、闸口机	二级
小型	主要展览用电、客梯、排污泵、生活水泵	二级

7.14　会展建筑常用房间或场所照明功率密度限值

会展建筑常用房间或场所照明功率密度限值见表 7-16。

表 7-16　会展建筑常用房间或场所照明功率密度限值

房间或场所		照明功率密度 / (W/m^2)	对应照度值 /lx	备注
		目标值		
展厅	一般	≤ 8	200	净空高度≤ 16m
	高档	≤ 12	300	
登录厅、公共大厅		≤ 8	200	
会议室、洽谈室		≤ 8	300	—
视频会议室		≤ 21	750	
多功能厅、宴会厅		≤ 12	300	
问讯处		≤ 8	200	

7.15 会展建筑规模与会展负荷密度取值

会展建筑规模与会展负荷密度取值图例如图 7-4 所示。

会展建筑规模	总展览面积 S/m^2
特大型	$S > 100000$
大型	$30000 < S \leqslant 100000$
中型	$10000 < S \leqslant 30000$
小型	$S \leqslant 10000$

一般会展中心每年都有不同产品多种展会，负荷变化较大，应以当地所办不同产品多种展会中最大所需用电负荷确定实际所需用电负荷，工程中当无法取得调研数据时，可参考下列数据确定轻型展、中型展、重型展负荷密度取值

轻型展按 (50~100)W/m² 计算
中型展按 (100~200)W/m² 计算
重型展按 (200~300)W/m² 计算

图 7-4 会展建筑规模与会展负荷密度取值图例

7.16 会展电气照明的设计

会展电气照明设计的一些要求与技巧如下。

（1）会展建筑，需要根据其规模大小、环境条件、使用性质、空间特点等设计确定照度值、照明方案。

（2）灯具及其附件，应设计采取防坠落措施。

（3）会展建筑电气照明设计，需要符合国家现行标准《建筑照明设计标准》《民用建筑电气设计规范》等有关规定。

（4）会展建筑，宜充分利用天然光。人工照明需要与天然采光相结合使用。

（5）会展建筑，需要合理设计选择照明设备、划分控制区域。

（6）应急照明，应设计选用能瞬时可靠点燃的光源。

（7）消防控制室、消防分控室，应设计能够联动开启相关区域的应急照明。

（8）多功能厅、宴会厅等场所的照明，宜设计采用调光控制。

（9）当采用专用的智能照明控制系统时，该系统应设计具有与建筑设备监控系统网络连接的通信接口。

（10）顶棚较低、面积较小的丙等展厅，宜设计采用荧光灯、小功率金属卤化物灯。甲等、乙等展厅，宜设计采用中功率、小功率金属卤化物灯。

（11）集中照明控制系统，应设计具备清扫、布展、展览等控制模式。

（12）照明系统，应设计由控制中心、分控中心或值班室控制，不宜设计设置就地控制开关。

（13）高大空间展厅照明灯具，应设计采取安全防护，以及设计要便于检修维护。

（14）展厅应设计设置一般照明，当仅需要提高展厅内某些特定工作区的照度时，应设计采用分区一般照明。

（15）展厅的无吊顶区域照明，同一照明区域内的灯具外观宜设计保持一致。

（16）展厅的无吊顶区域照明，天然采光良好的场所，宜设计采用组合式的布灯方式。

（17）展厅的无吊顶区域照明，照明设计应需要与建筑及结构形式特点有机结合。

（18）展厅照明，宜设计采用由

两条专用回路各带 50% 照明灯具的配电方式。

（19）特大型、大型会展建筑的登录厅、公共大厅、展厅等大空间场所的照明控制，应设计采用智能照明控制系统。

（20）中型、小型会展建筑的登录厅、公共大厅、展厅等大空间场所的照明控制，应设计智能照明控制系统。

（21）登录厅、公共大厅、展厅等大空间场所的照明控制，应根据建筑使用条件、天然采光状况采取分区、分组控制措施。

（22）会展建筑室内照明场所的色温要求见表 7-17。

（23）会展建筑室内场所的照度标准值、统一眩光值、显色指数，需要符合表 7-18 的有关规定。

表 7-17　会展建筑室内照明场所的色温

光源颜色分类	相关色温 /K	颜色特征	适用场所
Ⅰ	< 3300	暖	宴会厅、大会堂
Ⅱ	3300~5300	中间	多功能厅、展厅、会议室、洽谈室、登录厅、公共大厅、商店
Ⅲ	> 5300	冷	电子信息系统机房等

说明：对于需要进行彩色新闻摄影、电视转播的场所，室内光源的色温宜设计为 2800~3500K。有天然采光的室内的光源色温宜设计为 4500~6500K。

表 7-18　会展建筑常用房间或场所的照度标准值、统一眩光值、显色指数

房间或场所		参考平面及其高度	照度标准值 /lx	*UGR*	R_a
展厅	一般	地面	200	≤ 22	≥ 80
	高档	地面	300	≤ 22	≥ 80
登录厅、公共大厅		地面	200	≤ 22	≥ 80
会议室、洽谈室		0.75m 水平面	300	≤ 19	≥ 80
视频会议室		0.75m 水平面	750	≤ 19	≥ 80
多功能厅、宴会厅		0.75m 水平面	300	≤ 22	≥ 80
问讯处		0.75m 水平面	200	—	≥ 80

7.17　会展线缆的设计选择

会展线缆的设计选择要点与方法如下。

（1）会展建筑中下列系统、场所，应设计选用铜芯电线电缆：所有消防线路；会议、演出预留布线区域、展沟内布线区域。

（2）会展建筑中除了直埋敷设的电缆、穿导管暗敷的电线电缆外，成束敷设的电缆应设计采用阻燃型或阻燃耐火型电缆。

（3）在人员密集场所明敷的配电电缆，应设计采用无卤低烟的阻燃或阻燃耐火型电缆。

（4）会展建筑室外埋地暗敷的金属导管，应设计采用管壁厚度不小于 2.0mm 的热镀金属导管，并且需要设计满足展区内地面承压的荷载要求。

（5）中型、小型会展建筑，宜根据布展工艺要求采用金属导管或槽盒布线，并设计预留电缆路径到展位电

缆井、展位箱或地面插座盒，并且需要满足展区内地面承压的荷载要求。

（6）特大型、大型会展建筑，需要根据布展工艺要求，宜设计采用展沟布线，在展区内预留展沟到展位箱，并且展沟盖板（或顶板）满足展区内地面承压的荷载要求。

（7）在主沟、辅沟内敷设到展位箱的配电线路，宜设计采用电缆布线。

7.18 会展展区电气设施的设计

会展展区电气设施的设计要点与方法如下。

（1）在进行会展建筑电气设计时，需要根据展览工艺、展览性质、展位面积的要求，对展区用电点、用电容量、电视点、语音点、数据点等进行设计。

（2）每 2~4 个标准展位，宜设计设置一个展位箱。

（3）嵌装在展沟上的地面展位箱，箱盖表面的承载力需要与展厅地面的结构承载力相一致。

（4）嵌装在展沟上的地面展位箱，箱体防护等级设计不应低于 IP54。有特殊展览需求的，需设计有用水点。

（5）嵌装在展沟上的地面展位箱，具有压缩空气接口时，箱体防护等级设计不应低于 IP55。

（6）展位箱、综合展位箱的出线开关、配电箱（柜）直接为展位用电设备供电的出线开关，应设计装设不超过 30mA 剩余电流动作保护装置。

（7）展区内每台展览用配电箱（柜）的供电区域面积不宜设计大于 600m^2，以及需要符合下列一些规定。

1）有计量要求时，需要设计设置计量装置，以及该计量装置宜设计预留电气参数远传的标准协议通信接口。

2）展览用配电箱（柜）的出线开关整定值的规格不宜设计超过 160A，AC 380V。

3）展览用配电箱（柜）的进线开关整定值的规格不宜设计超过 315A，AC 380V。

（8）综合展位箱，应设计对用水点采取防护措施。

（9）展位箱内配电、信息插座的数量，需要根据实际需要来设计确定。

（10）展位箱、综合展位箱的进线开关整定值的规格不宜超过 160A，AC 380V。

（11）展位箱、综合展位箱的出线开关整定值的规格不宜超过 63A，AC 380V。

7.19 博物馆部分场所的照度标准值

博物馆部分场所的照度标准值见表 7-19。

表 7-19 博物馆建筑相关场所照度标准值

房间或场所	参考平面及其高度	照度标准值 /lx	UGR	U_0	R_a
门厅	地面	200	22	0.40	80
综合大厅	地面	100	22	0.40	80
寄物处	地面	150	22	0.60	80
接待室	0.75m 工作面	300	22	0.60	80

（续）

房间或场所	参考平面及其高度	照度标准值 /lx	UGR	U_0	R_a
报告厅、教室	0.75m 工作面	300	22	0.60	80
美工室	0.75m 工作面	500	22	0.60	90
编目室	0.75m 水平面	300	22	0.60	80
摄影室	0.75m 水平面	100	22	0.60	80
熏蒸室	实际工作面	150	22	0.60	80
藏品修复室	实际工作面	750	19	0.70	90
标本制作室	实际工作面	750	19	0.70	90
书画装裱室	实际工作面	500	19	0.70	90
实验室	实际工作面	300	22	0.60	80
周转库房	地面	50	22	0.40	80
藏品库房	地面	75	22	0.40	80
一般库房	地面	100	22	0.40	80
鉴赏室	0.75m 水平面	150	22	0.60	80
阅览室	0.75m 水平面	300	19	0.60	80
绘画展厅	地面	100	19	0.60	80
雕塑展厅	地面	150	19	0.60	80
科技馆展厅	地面	200	22	0.60	80

注：1. 表中照度标准值为参考平面上的维持平均照度值。

2. 藏品修复室、标本制作室的照度标准值采用混合照明的照度标准值，其一般照明的照度值按混合照明照度的 20%~30% 选取；当对象是对光敏感或特别敏感的材料时，应减少局部照明的时间，并应有防紫外线的措施。

7.20 博物馆建筑室内照明光源色表分组

博物馆建筑室内照明光源色表，其相关色温分为三组光源色表。分组宜根据表 7-20 设计来确定。根据

表 7-20 博物馆建筑室内照明光源色表分组

色表分级	色表特征	相关色温 /K	适用场所
Ⅰ	暖	＜ 3300	接待室、寄物处、对光线敏感展品展厅
Ⅱ	中间	3300~5300	办公室、报告厅、售票处、鉴赏室、阅览室、一般展品展厅
Ⅲ	冷	＞ 5300	高照度场所

7.21 博物馆建筑公众区域混响时间

博物馆建筑公众区域混响时间见表 7-21。

表 7-21　博物馆建筑公众区域混响时间

房间名称	房间体积 /m^3	500Hz 混响时间 /s
一般公共活动区域	200~500	≤ 0.8
	501~1000	1.0
	1001~2000	1.2
	2001~4000	1.4
	＞ 4000	1.6
视听室、电影厅、报告厅	—	0.7~1.0

注：特殊音效的 3D、4D 影院应根据工艺设计要求确定混响时间。

7.22　博物馆陈列展览区与业务区室内空气设计计算参数

博物馆的陈列展览区与业务区宜设置空调，室内空气设计计算参数宜符合表 7-22 的规定。

表 7-22　博物馆陈列展览区与业务区室内空气设计计算参数

房间名称	夏季		冬季		新风量 /[m^3/(h · p)]
	温度 /℃	相对湿度（%）	温度 /℃	相对湿度（%）	
办公室	24~27	55~65	18~20	—	30
会议室	25~27	≤ 65	16~18	—	30
休息室	25~27	≤ 60	18~22	—	30
展览区	25~27	45~60	18~20	35~50	20
技术用房	25	45~60	18~20	≥ 40	30
餐厅	25~27	≤ 65	18~20	—	20
门厅	26~28	≤ 65	16~18	—	10
计算机房	23 ± 2	45~60	20 ± 2	45~60	20

7.23　旅馆建筑设计概述

旅馆建筑设计概述如下。

（1）旅馆建筑的卫生间、盥洗室、浴室，不应设在餐厅、厨房、食品贮藏等有严格卫生要求用房的直接上层。

（2）旅馆建筑的卫生间、盥洗室、浴室，不应设在变配电室等有严格防潮要求用房的直接上层。

（3）公共卫生间、浴室不宜设计向室内公共走道设置可开启的窗户，客房附设的卫生间不应设计向室内公共走道设置窗户。

（4）上下楼层直通的管道井，不宜设计在客房附设的卫生间内开设检修门。

（5）不附设卫生间的客房，需要设计设置集中的公共卫生间、浴室，以及符合与盥洗室分设的厕所应至少设计一个洗面盆；公共卫生间应设计前室或经盥洗室进入，前室和盥洗室的门不宜设计与客房门相对；公共卫生间、浴室设施的设置需要符合表 7-23 的规定。

表 7-23　公共卫生间与浴室设施的设置

设备（设施）	数　量	要　求
公共卫生间	男女至少各一间	宜每层设置
大便器	每 9 人 1 个	男女比例宜按不大于 2∶3
小便器或 0.6m 长小便槽	每 12 人 1 个	—
浴盆或淋浴间	每 9 人 1 个	—
洗面盆或盥洗槽龙头	每 1 个大便器配置 1 个，每 5 个小便器增设 1 个	—
清洁池	每层 1 个	宜单独设置清洁间

注：1. 根据现行国家标准《无障碍设计规范》的规定，设置无障碍专用厕所或厕位、洗面盆。
2. 上述设施大便器男女比例宜根据 2∶3 设计设置。如果男女比例有变化，则需做相应调整。其余根据男女 1∶1 比例来设计配置。

（6）客房附设卫生间设计的规定见表 7-24。

（7）旅馆建筑公共部分的卫生间，设计需要符合下列规定。

1）卫生间需要设计前室，三级及以上旅馆建筑男女卫生间应分设前室。

2）四级、五级旅馆建筑卫生间的厕位隔间门宜设计向内开启，厕位隔间宽度不宜设计小于 0.90m，深度不宜设计小于 1.55m。

3）公共部分卫生间洁具数量的设计需要符合表 7-25 的规定。

表 7-24　客房附设卫生间设计的规定

旅馆建筑等级	一级	二级	三级	四级	五级
净面积 /m^2	2.5	3.0	3.0	4.0	5.0
占客房总数百分比（%）	—	50	100	100	100
卫生器具 / 件	2		3		

注：3 件是指大便器、洗面盆、浴盆或淋浴间（开放式卫生间除外），2 件是指大便器、洗面盆。

表 7-25　公共部分卫生间洁具数量的设计

房间名称	男		女
	大便器	小便器	大便器
门厅（大堂）	每 150 人配 1 个，超过 300 人，每增加 300 人增设 1 个	每 100 人配 1 个	每 75 人配 1 个，超过 300 人，每增加 150 人增设 1 个
各种餐厅（含咖啡、酒吧等）	每 100 人配 1 个，超过 400 人，每增加 250 人增设 1 个	每 50 人配 1 个	每 50 人配 1 个，超过 400 人，每增加 250 人增设 1 个
宴会厅、多功能厅、会议室	每 100 人配 1 个，超过 400 人，每增加 200 人增设 1 个	每 40 人配 1 个	每 40 人配 1 个，超过 400 人，每增加 100 人增设 1 个

注：1. 上表为假定男、女各为 50%。如果性别比例不同时，需要进行调整。
2. 商业、娱乐加健身的卫生设施，可根据现行行业标准《城市公共厕所设计标准》等来设计配置。
3. 四、五级旅馆建筑，可根据实际情况酌情来增加。
4. 洗面盆、清洁池数量，可根据现行行业标准《城市公共厕所设计标准》等来设计配置。
5. 门厅（大堂）、餐厅兼顾使用时，洁具数量可根据餐厅配置，不必叠加。

［举例］ 某工程客房照明与灯具的选择如图 7-5 所示。

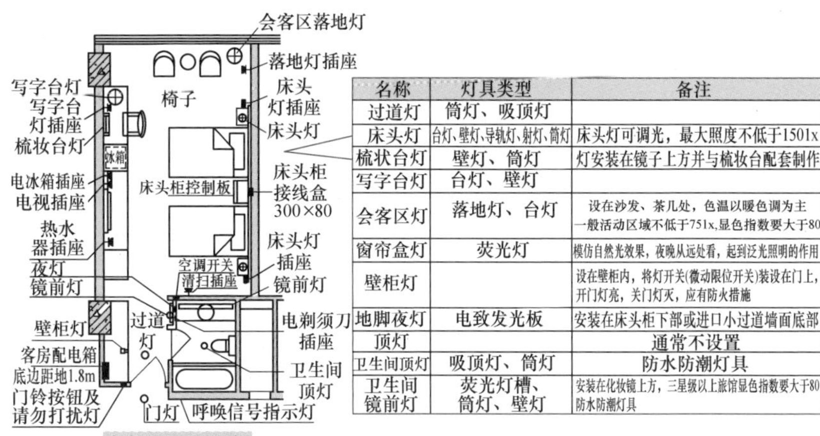

名称	灯具类型	备注
过道灯	筒灯、吸顶灯	
床头灯	台灯、壁灯、导轨灯、射灯、筒灯	床头灯可调光，最大照度不低于150lx
梳状台灯	壁灯、筒灯	灯安装在镜子上方并与梳妆台配套制作
写字台灯	台灯、壁灯	
会客区灯	落地灯、台灯	设在沙发、茶几处，色温以暖色调为主 一般活动区域不低于75lx,显色指数要大于80
窗帘盒灯	荧光灯	模仿自然光效果，夜晚从远处看，起到泛光照明的作用
壁柜灯		设在壁柜内，将灯开关(微动限位开关)装设在门上，开门灯亮，关门灯灭，应有防火措施
地脚夜灯	电致发光板	安装在床头柜下部或进口小过道墙面底部
顶灯		通常不设置
卫生间顶灯	吸顶灯、筒灯	防水防潮灯具
卫生间镜前灯	荧光灯槽、筒灯、壁灯	安装在化妆镜上方，三星级以上旅馆显色指数要大于80 防水防潮灯具

图 7-5 某工程客房照明与灯具的选择

7.24 旅馆建筑给水排水与雨水的设计

旅馆建筑给水排水与雨水的设计要点与技巧如下。

（1）旅馆建筑给水排水系统的用水水质，需要设计符合现行国家标准《生活饮用水卫生标准》等有关的规定。

（2）对生活饮用水供水水源总硬度有要求时，四级、五级旅馆建筑的用水水质，还需要根据水源总硬度情况进行整个室内给水系统的水质软化。

（3）设有二次供水设施时，建筑物内给水系统的竖向分区、二次供水设施，需要符合现行行业标准《二次供水工程技术规程》等有关规定。

（4）设有直饮水系统时，设计需要符合现行行业标准《管道直饮水系统技术规程》等有关规定。

（5）设有游泳池、洗浴中心时，其设计需要符合现行行业标准《游泳池给水排水工程技术规程》《公共浴场给水排水工程技术规程》等有关规定。

（6）客房、洗浴中心、厨房、洗衣房等供水管网，需要各自分别设置，以及分设水表计量。

（7）高级套房，宜设计独立的管道系统。

（8）采用非饮用水作为冲厕、冲洗、汽车、地面及绿化浇洒等用水时，其水质需要满足用水对象的要求，其管道需要设计明显的标志，并且不得与饮用水管道设计相连接。

（9）给水设计，应有可靠的水源、供水管道系统。

（10）给水设计，如果仅有一路城市引入管或供水不满足设计秒流量、压力要求时，需要设计设置生活贮水池，或加压供水设备。

（11）一级～三级旅馆建筑客房卫生间用水器具，需要设计配水点处的静水压，不宜设计超过 0.15MPa。

（12）一级～三级旅馆建筑饮水

装置的设置，宜设计开水供应装置。

（13）三级～五级旅馆建筑，宜设计洗浴、洗涤等优质废水净化回用系统。

（14）四级、五级旅馆建筑饮水装置的设置，除了应设计开水装置外，还宜设计管道直饮水供应装置。

（15）四级、五级旅馆建筑卫生间，设计选用特殊卫生器具时，其配水点静水压不宜设计低于0.2MPa。

（16）四级、五级旅馆建筑的用水水质，经软化后的水硬度不满足厨房洗碗机、玻璃器皿洗涤机、制冰块机、洗衣房洗衣设备对给水的总硬度的要求时，需要进行二次软化。

（17）五级旅馆建筑客房卫生间排水，宜设计分流系统。其他旅馆建筑，根据洗浴废水的回收方案设计选择合流或分流系统。

（18）二次加压给水的水泵房、水池间，需要设计独立的房间。水泵房、设备，需要设计消声、减振措施。

（19）高层建筑的加压给水泵出水管，需要设计消除水锤措施。

（20）根据建筑内功能的划分、当地供水部门的水量计费分类等因素，设计相应的生活给水系统。

（21）最高日生活用水定额见表7-26的规定。

（22）旅馆建筑应设计生活热水供应系统，客房最高日生活热水(60℃)用水量需要符合表7-27的规定。

表7-26　最高日生活用水定额

旅馆建筑等级	用水量/(L/d·床)	小时变化系数	使用时间/h	备注
一级	80~130	3.0~2.5	24	楼层设公共卫生间
二级	120~200	3.0~2.5	24	不少于50%的客房附设卫生间
三级	200~300	2.5~2.0	24	全部客房附设卫生间
四级、五级	250~400	2.5~2.0	24	

表7-27　客房最高日生活热水(60℃)用水量

旅馆建筑等级	用水量/(L/d·床)	使用时间/h	备　注
一级	40~60	8~10	楼层设公共卫生间
二级	60~100	12~16	不少于50%的客房设卫生间
三级	100~120	24	全部客房设卫生间
四级、五级	120~160	24	

（23）高层旅馆建筑的厨房内，宜设计厨房专用灭火装置。如果设有厨房垃圾道、污衣井道时，井道内需要设计自动喷水灭火装置。

（24）旅馆建筑屋面雨水，需要设计独立管道系统来排除雨水。

（25）高层、超高层旅馆建筑的屋面雨水排水管接入室外雨水检查井时，需要设计采取消能措施。

（26）厨房排水，应设计独立排水系统，以及设计对油脂进行回收、处理。

（27）客房卫生间排水系统宜采用通气立管排水系统或特殊(配件)单立管排水系统。

7.25 旅馆建筑电气的设计

旅馆建筑电气的设计要点与技巧如下。

（1）旅馆建筑供电电源除需要符合国家现行标准《供配电系统设计规范》《民用建筑电气设计规范》《建筑设计防火规范》《建筑照明设计标准》《建筑物防雷设计规范》《建筑物电子信息系统防雷技术规范》《火灾自动报警系统设计规范》《安全防范工程技术规范》《智能建筑设计标准》《综合布线系统工程设计规范》《无障碍设计规范》等有关规定。

（2）旅馆建筑用电负荷等级见表 7-28 的规定。

表 7-28 旅馆建筑用电负荷等级

用电负荷名称 \ 旅馆建筑等级	一、二级	三级	四、五级
经营及设备管理用计算机系统用电	二级负荷	一级负荷	一级负荷①
宴会厅、餐厅、厨房、门厅、高级套房及主要通道等场所的照明用电，信息网络系统、通信系统、广播系统、有线电视及卫星电视接收系统、信息引导及发布系统、时钟系统及公共安全系统用电，乘客电梯、排污泵、生活水泵用电	三级负荷	二级负荷	一级负荷
客房、空调、厨房、洗衣房动力	三级负荷	三级负荷	二级负荷
除上栏所述之外的其他用电设备	三级负荷	三级负荷	三级负荷

① 为一级负荷中特别重要的负荷。

（3）客房部分的总配电箱，不得设计安装在走道、电梯厅、客人易到达的场所。

（4）当客房内的配电箱设计安装在衣橱内时，需要设计安全防护处理。

（5）客房壁柜内设计设置的照明灯具，应带有防护罩。

（6）餐厅、会议室、宴会厅、大堂、走道等场所的照明，宜设计采用集中控制方式。

（7）旅馆建筑的门厅、餐厅、宴会厅等公共场所及各设备用房值班室，应设计电话分机。

（8）旅馆建筑室内存在移动通信信号的弱区、盲区时，应设计设置移动通信信号增强系统。

（9）旅馆建筑，宜设计设置计算机经营管理系统。

（10）旅馆建筑，应设计有线电视系统。

（11）旅馆建筑的会议室、多功能厅，宜设计电子会议系统，以及根据需要设计同声传译系统。

（12）供残疾人使用的客房、卫生间，应设计紧急求助按钮。

（13）有洗浴功能的客房卫生间，应设计设置局部等电位联结。

（14）浴室、洗衣房、游泳池等场所，应设计设置局部等电位联结。

（15）供残疾人专用的客房，应设计设置声光警报器。

（16）当客房利用电视机播放背景音乐、广播时，宜另设计设置应急广播系统。

（17）独立设计设置背景音乐广播时，应能够受火灾应急广播系统强制切换。

（18）重点部位，宜设计设置入侵报警、出入口控制系统。

（19）地下停车场，宜设计设置停车场管理系统。

（20）在安全疏散通道上设置的出入口控制系统，应设计与火灾自动报警系统联动。

（21）每间客房，应设计装设电话插座、信息网络插座。

（22）一级、二级旅馆建筑客房层走廊，宜设计设置视频安防监控摄像机。

（23）三级旅馆建筑的前台计算机、收银机的供电电源，宜设计备用电源。

（24）三级旅馆建筑客房内，宜设计有分配电箱或专用照明支路。

（25）三级旅馆建筑的客房，宜设计设置节电开关。

（26）三级及以上旅馆建筑客房照明，宜根据功能设计采用局部照明。

（27）三级及以上旅馆建筑客房内电源插座标高，宜根据使用要求设计确定。

（28）三级及以上旅馆建筑走道、门厅、餐厅、宴会厅、电梯厅等公共场所，应设计供清扫设备使用的插座。

（29）三级及以上旅馆建筑的大堂会客区、多功能厅、会议室等公共区域，宜设计信息无线网络覆盖。

（30）三级旅馆建筑，宜设计公共广播系统。

（31）三级及以上旅馆建筑客房层走廊，应设计设置视频安防监控摄像机。

（32）三级及以上旅馆建筑，宜设计设置自动程控交换机。

（33）四级及以上旅馆建筑的前台计算机、收银机的供电电源，应设计备用电源，以及设计不间断电源（UPS）。

（34）四级及以上旅馆建筑的每间客房，至少设计有一盏灯接入应急供电回路。

（35）四级旅馆建筑，宜设计自备电源。

（36）四级及以上旅馆建筑客房内，应设计设置分配电箱。

（37）四级及以上旅馆建筑的客房，应设计设置节电开关。

（38）四级及以上旅馆建筑客房内的冰箱、充电器、传真等用电不应受节电开关控制。

（39）四级及以上旅馆建筑，宜设计设置客房管理系统。

（40）四级及以上旅馆建筑，应设计公共广播系统。

（41）四级及以上旅馆建筑，宜设计卫星电视接收系统、自办节目或视频点播系统。

（42）四级及以上旅馆建筑，应设计设置建筑设备监控系统。

（43）四级及以上旅馆建筑客房的卫生间，应设计设置电话副机。

（44）五级旅馆建筑，应设计自备电源，其容量应能够满足实际运行负荷的需求。

（45）五级旅馆建筑客房、卫生间，宜设计紧急求助按钮。

7.26 酒店宾馆客房中的电气设计

酒店宾馆常见的电气系统设计有：室内低压动力配电系统、装饰照明系统、消防系统、防雷接地系统等。

酒店宾馆客房中的电气设计的一些要求如下。

（1）采用区域照明、照度良好。

（2）办公桌的书写照明，一般需要提供书写台灯。

（3）卧室一般用 3500K 以下的光源，需要暖色调。

（4）洗手间一般用 3500K 以上的光源，需要高色温。

（5）客房一般选择 R_a>90 的显色性，使客人增加自信，感觉舒适。

（6）有良好的排风系统。

（7）有床头控制柜、电话、电视、吹风机、床头灯、台灯、落地、110/220V 电源插座、小冰箱等。

（8）客房色温一般为 3000K 左右。

（9）一般照明取 50~100lx，客房的照度低些，以体现静谧、休息的特点。

（10）床头阅读照明等，需要提供足够的照度，这些区域可取 300lx 的照度值。

7.27 医疗建筑一般照明照度标准值

医疗建筑一般照明照度标准值见表 7-29。

表 7-29　医疗建筑不同场所一般照明的照度标准值

房间或场所	参考平面及其高度	照度（标准值）/lx
门厅、挂号厅、候诊区、家属等候区	0.75m 水平面	200
服务台、X 射线诊断等诊疗设备主机室、婴儿护理房、血库、药库、洗衣房	0.75m 水平面	200
挂号室、收费室、诊室、急诊室、磁共振室、加速器室、功能检查室（脑电、心电、超声波、视力等）、护士站、监护室、会议室、办公室	0.75m 水平面	300
化验室、药房、病理实验及检验室、仪器室、专用诊疗设备的控制室、计算机网络机房	0.75m 水平面	500
手术室	0.75m 水平面	750
病房、急诊观察室	0.75m 水平面	100
医护人员休息室、患者活动室、电梯厅、厕所、浴室、走道	地面	100

注：1. 重症监护病房夜间值班用照明的照度应大于 5lx。

2. 对于手术室照明，在距地 1.5m、直径 300mm 的手术范围内，由专用手术无影灯产生的照度应符合有关的规定。

7.28 医疗建筑开关的设计要求

医疗建筑开关的设计要求如图 7-6 所示。

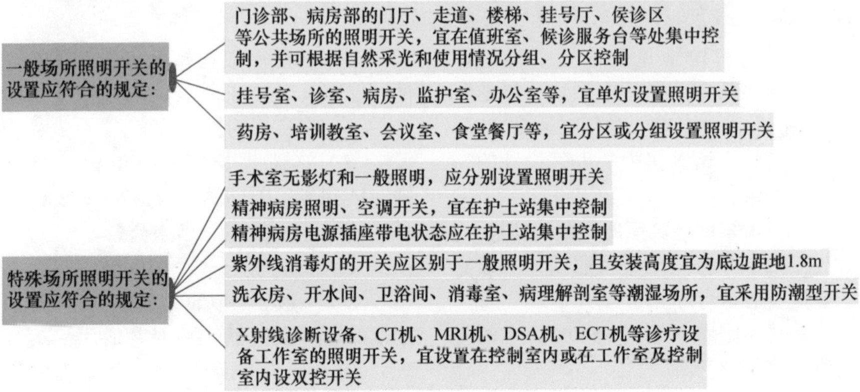

一般场所照明开关的设置应符合的规定：
- 门诊部、病房部的门厅、走道、楼梯、挂号厅、候诊区等公共场所的照明开关，宜在值班室、候诊服务台等处集中控制，并可根据自然采光和使用情况分组、分区控制
- 挂号室、诊室、病房、监护室、办公室等，宜单灯设置照明开关
- 药房、培训教室、会议室、食堂餐厅等，宜分区或分组设置照明开关

特殊场所照明开关的设置应符合的规定：
- 手术室无影灯和一般照明，应分别设置照明开关
- 精神病房照明、空调开关，宜在护士站集中控制
- 精神病房电源插座带电状态应在护士站集中控制
- 紫外线消毒灯的开关应区别于一般照明开关，且安装高度宜为底边距地1.8m
- 洗衣房、开水间、卫浴间、消毒室、病理解剖室等潮湿场所，宜采用防潮型开关
- X射线诊断设备、CT机、MRI机、DSA机、ECT机等诊疗设备工作室的照明开关，宜设置在控制室内或在工作室及控制室内设双控开关

图 7-6　医疗建筑开关的设计要求

7.29　电气管线与医用气体管道间的最小净距离

电气管线与医用气体管道间的最小净距离见表 7-30。

表 7-30　电气管线与医用气体管道之间的最小净距离

管　线	平行 /m	交叉 /m
绝缘导线或电缆	0.50	0.30
穿有导线的电线管	0.50	0.10

7.30　医疗建筑电能管理系统的设计要求

医疗建筑电能管理系统的设计要求如图 7-7 所示。

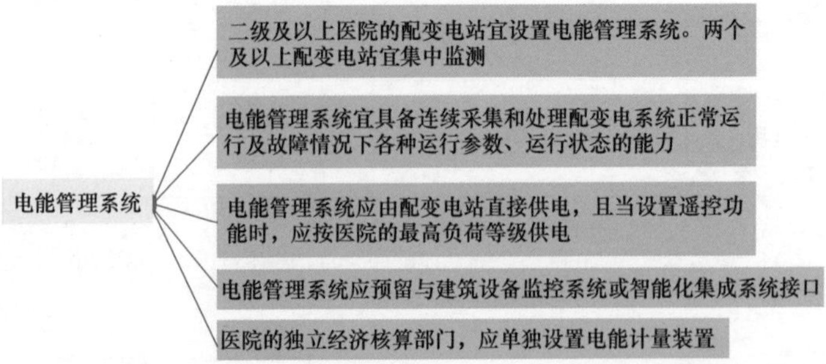

电能管理系统
- 二级及以上医院的配变电站宜设置电能管理系统。两个及以上配变电站宜集中监测
- 电能管理系统宜具备连续采集和处理配变电系统正常运行及故障情况下各种运行参数、运行状态的能力
- 电能管理系统应由配变电站直接供电，且当设置遥控功能时，应按医院的最高负荷等级供电
- 电能管理系统应预留与建筑设备监控系统或智能化集成系统接口
- 医院的独立经济核算部门，应单独设置电能计量装置

图 7-7　医疗建筑电能管理系统的设计要求

7.31　金融设施的用电负荷等级与金融建筑负荷计算

金融设施的用电负荷等级见表 7-31。

表 7-31 金融设施的用电负荷等级

金融设施等级	用电负荷等级
特级	一级负荷中特别重要的负荷
一级	一级负荷
二级	二级负荷
三级	三级负荷

金融建筑负荷计算的要点如下。

（1）金融建筑初步设计阶段，宜采用单位面积功率法与需要系数法进行负荷计算。

（2）金融建筑施工图设计阶段，宜采用需要系数法进行负荷计算。

（3）金融建筑方案设计阶段，宜采用单位面积功率法进行负荷估算。

（4）用电设备的电负荷值、用电设备所产生的热负荷值，需要根据设备的技术参数来设计确定。缺乏相关资料时，用电设备的电负荷值，可以根据表 7-32 来结合工程实际情况来设计确定。

表 7-32 用电设备的电负荷值的设计确定

建筑场所	平均用电功率密度 / (W/m^2)
数据中心主机房	500~1500
辅助区、支持区、办公区	70~100

注：表中数据包括正常照明、动力及空调负荷，其中空调负荷为采用电制冷集中空调方式时的数据。

7.32 金融建筑的安全技术防范系统设备的设计配置

金融建筑的安全技术防范系统设备宜根据表 7-33 来设计配置。

表 7-33 金融建筑的安全技术防范系统设备的设计配置

项目		安装区域或覆盖范围
视频安防监控系统	摄像机	建筑物周围
		电梯轿厢内
		金融设施出入口
		营业厅、交易厅、保管库、离行式自助银行
		数据中心主机房、不间断电源室
		安防监控中心（室）、数据监控中心（ECC）
	控制记录显示装置	安防监控中心（室）
入侵报警系统	入侵探测器	建筑物（群）周围
	入侵探测器 / 声光报警器	保管库、营业厅、交易厅
		数据中心主机房、不间断电源室
	控制记录显示装置	安防监控中心（室）
	防盗报警控制器	安防监控中心（室）
出入口控制系统		金融设施出入口、数据中心主机房、不间断电源室
		安防监控中心（室）、数据监控中心（ECC）
电子巡更系统		配变电所、应急发电机房、数据中心主机房
车库管理系统		停车库、停车场

7.33 金融建筑配电变压器的设计选择

金融建筑配电变压器的设计选择如图 7-8 所示。

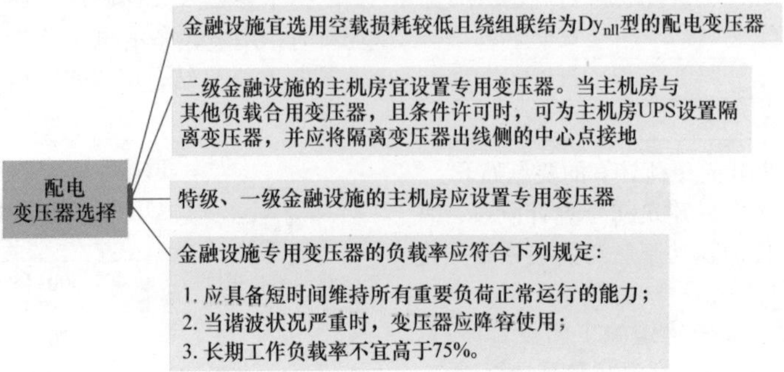

图 7-8 金融建筑配电变压器的设计选择

7.34 金融建筑设施低压配电系统的电气参数

金融建筑中直接为金融设施服务的配电系统不得采用 TN-C 系统。金融设施低压配电系统的电气参数需要符合表 7-34 的规定。

表 7-34 金融建筑设施低压配电系统的电气参数

金融设施	特级、一级	二级	三级
稳态电压偏移范围（%）	± 2	± 5	−13~+7
稳态频率偏移范围 /Hz	± 0.2	± 0.5	± 1.0
电压波形畸变率（%）	3~5	5~8	8~10

参 考 文 献

［1］阳鸿钧，等．家装电工现场通［M］．北京：中国电力出版社，2014.
［2］阳鸿钧，等．水电工技能全程图解［M］．北京：中国电力出版社，2014.
［3］阳鸿钧，等．装修水电工看图学招全能通［M］．北京：机械工业出版社，2014.
［4］阳鸿钧，等．装修水电技能速通速用很简单［M］．北京：机械工业出版社，2016.
［5］阳鸿钧，等．水电工技能数据随时查［M］．北京：化学工业出版社，2017.

机械工业出版社部分精品同类书

序号	5位书号	书 名	定价
1	31250	电子实用电路300例	19
2	36902	LED照明技术与灯具设计	29.8
3	43232	双色图解万用表检测电子元器件	49.8
4	43579	图解万用表使用从入门到精通	49.8
5	43627	电工常用操作技能随身学	35
6	44918	简单轻松学电工检修	49.8
7	44942	电工实用电路300例（第2版）	19.8
8	45111	简单轻松学电气安装	49.8
9	45398	零起点学电子技术必读	99
10	45660	简单轻松学电子电路识图	44.9
11	46509	装修水电工看图学招全能通	59.8
12	49728	建筑电工一本通（第2版）	45
13	49939	LED照明技术与灯具设计（第2版）	49.8
14	50007	电工常用技能一本通（第2版）	49.8
15	50747	实物图解电工常用控制电路300例（第2版）	59.8
16	51992	照明电路及单相电气装置的安装 第3版	29.8
17	52430	图解LED应用从入门到精通（第2版）	49.8
18	52454	LED照明设计与检测技术	49.9
19	52525	装修水电技能速通速用很简单（双色升级）	49.8
20	53039	超实用电工电路图集	79.9
21	53692	零基础学电工仪表轻松入门	30
22	53923	零基础学电子元器件轻松入门	35
23	53931	零基础学维修电工轻松入门	30
24	53965	零基础学电工轻松入门	35
25	53974	零基础学万用表轻松入门	30
26	54005	零基础学电工识图轻松入门	30
27	54389	电子元器件选用检测技能直通车	39
28	56689	全彩图解装修水电实战全攻略	39.9

读者需求调查表

亲爱的读者朋友：

您好！为了提升我们图书出版工作的有效性，为您提供更好的图书产品和服务，我们进行此次关于读者需求的调研活动，恳请您在百忙之中予以协助，留下您宝贵的意见与建议！

个人信息

姓名：		出生年月：		学历：	
联系电话：		手机：		E-mail：	
工作单位：				职务：	
通讯地址：				邮编：	

1. 您感兴趣的科技类图书有哪些？

□自动化技术 □电工技术 □电力技术 □电子技术 □仪器仪表 □建筑电气

□其他（　　）以上各大类中您最关心的细分技术（如 PLC）是：（　　）

2. 您关注的图书类型有：

□技术手册 □产品手册 □基础入门 □产品应用 □产品设计 □维修维护

□技能培训 □技能技巧 □识图读图 □技术原理 □实操 □应用软件

□其他（　　）

3. 您最喜欢的图书叙述形式：

□问答型 □论述型 □实例型 □图文对照 □图表 □其他（　　）

4. 您最喜欢的图书开本：

□口袋本 □ 32 开 □ B5 □ 16 开 □图册 □其他（　　）

5. 购书途径：

□书店 □网站 □出版社 □单位集中采购 □其他（　　）

6. 您认为图书的合理价位是（元/册）：

手册（　　） 图册（　　） 技术应用（　　） 技能培训（　　）

基础入门（　　） 其他（　　）

7. 每年购书费用：

□ 100 元以下 □ 101~200 元 □ 201~300 元 □ 300 元以上

8. 您是否有本专业的写作计划？

□否 □是（具体情况：　　　　）

非常感谢您对我们的支持，如果您还有什么问题欢迎和我们联系沟通！

地址：北京市西城区百万庄大街 22 号 机械工业出版社电工电子分社 邮编：100037

联系人：张俊红 联系电话：13520543780 传真：010 - 68326336

电子邮箱：buptzjh@163.com（可来信索取本表电子版）

编著图书推荐表

姓　　名		出生年月		职称 / 职务		专　　业	
单　　位				E-mail			
通讯地址						邮政编码	
联系电话			研究方向及教学科目				
个人简历（毕业院校、专业、从事过的以及正在从事的项目、发表过的论文）							
您近期的写作计划有：							
您推荐的国外原版图书有：							
您认为目前市场上最缺乏的图书及类型有：							

地址：北京市西城区百万庄大街 22 号　机械工业出版社　电工电子分社
邮编：100037　网址：www.cmpbook.com
联系人：张俊红　电话：13520543780/010-68326336（传真）
E-mail：buptzjh@163.com（可来信索取本表电子版）